Robert Winston

Was passiert in meinem Kopf?

DK
DORLING KINDERSLEY

DORLING KINDERSLEY
London, New York, Melbourne, München und Delhi

Lektorat Ben Morgan
Gestaltung Claire Patané, Rachael Grady, Karen Hood,
Sadie Thomas, Lauren Rosier, Sonia Whillock-Moore
Redaktion Alexander Cox, Wendy Horobin, Rob Houston,
Fleur Star, Lee Wilson, Jessamy Wood, Chris Woodford
Bildrecherche Liz Moore
Herstellung Siu Yin Chan, Claire Pearson
Projektleitung Bridget Giles
Art Director Martin Wilson
Creative Director Jane Bull
Programmleitung Mary Ling

Fachliche Beratung Dr. Sarah-Jayne Blakemore

Für die deutsche Ausgabe:
Programmleitung Monika Schlitzer
Projektbetreuung Martina Glöde, Janna Heimberg
Herstellungsleitung Dorothee Whittaker
Herstellung Anna Strommer
Covergestaltung Barbara Weishaupt

Bibliografische Information Der Deutschen Bibliothek
Die Deutsche Bibliothek verzeichnet diese Publikation in
der Deutschen Nationalbibliografie;
detaillierte bibliografische Daten sind im Internet über
http://dnb.ddb.de abrufbar.

Titel der englischen Originalausgabe:
What goes on in my Head?

Übersetzung Christiane Wagler
Lektorat Monika Rößiger
Satz Wolfgang Lehner

ISBN 978-3-8310-1937-3

Colour reproduction by Media Development and Printing Ltd, UK
Printed and bound in China by Toppan

Besuchen Sie uns im Internet
www.dorlingkindersley.de

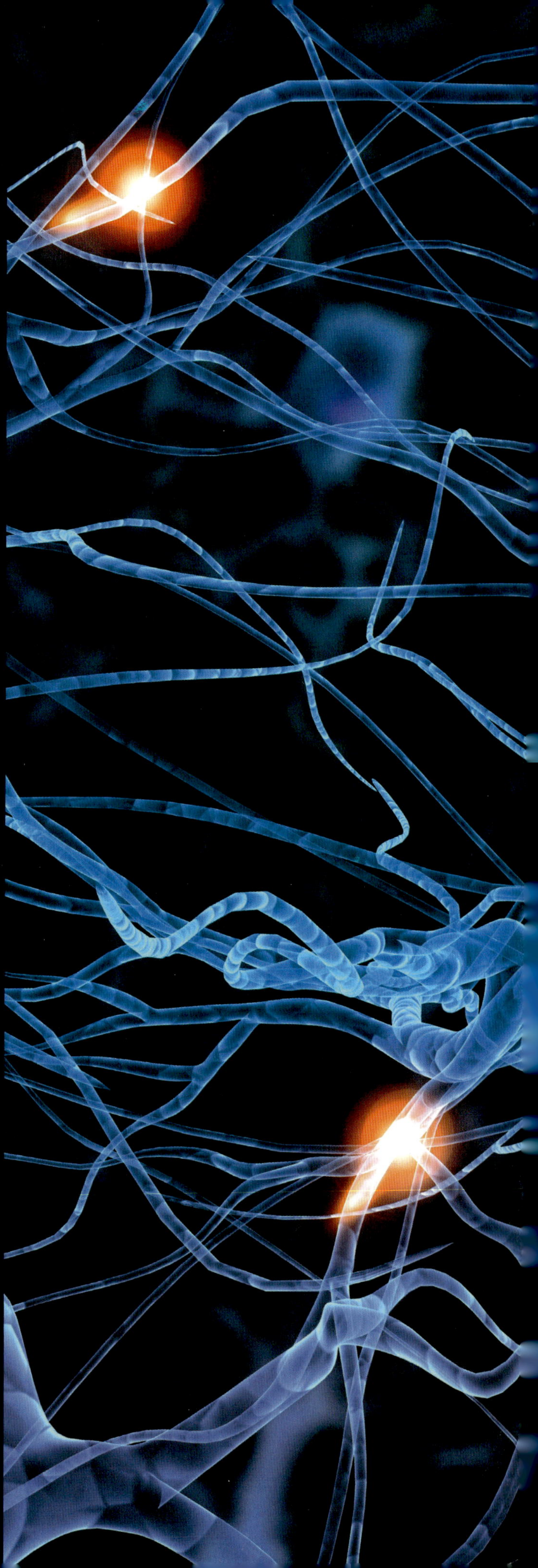

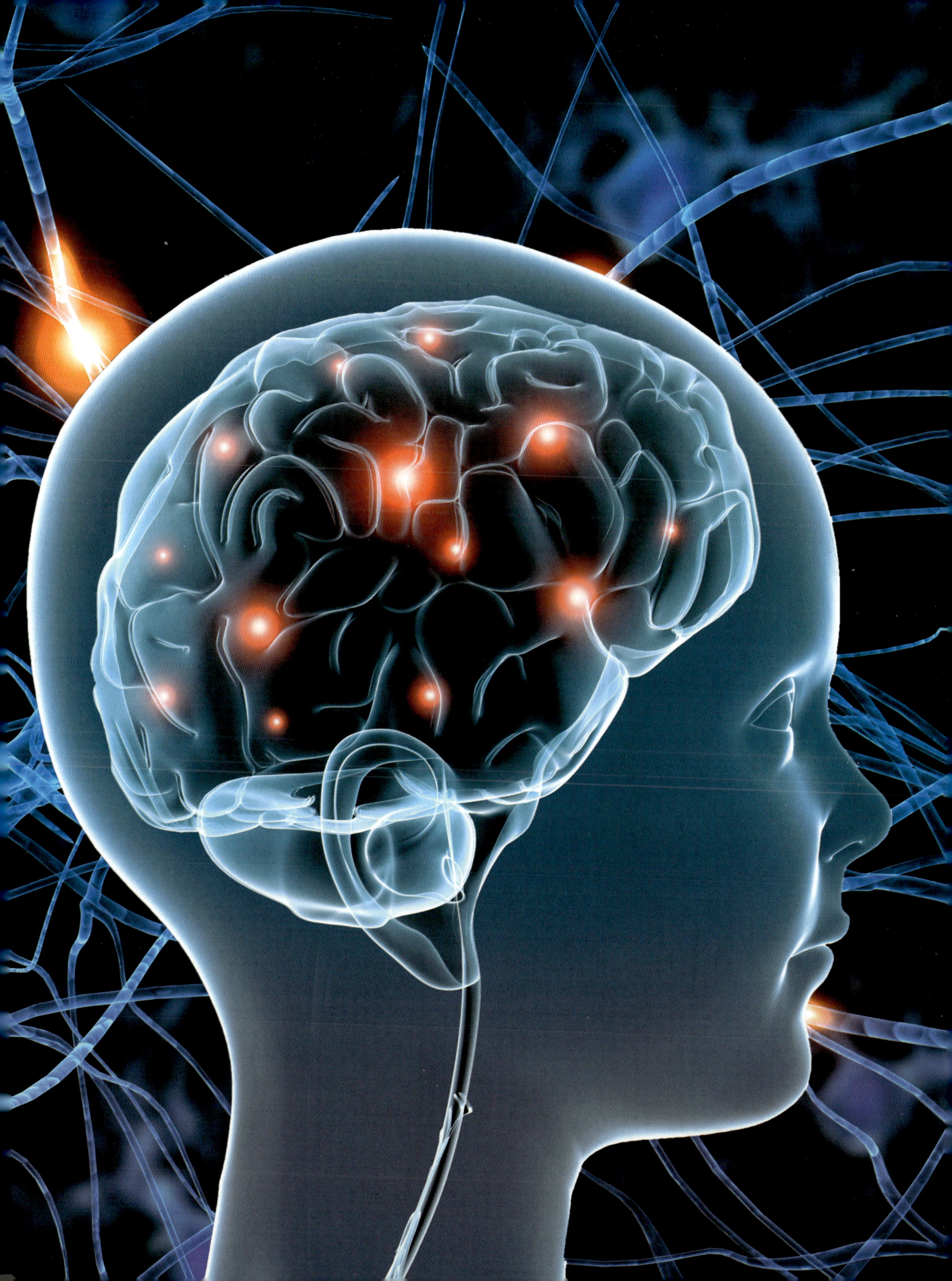

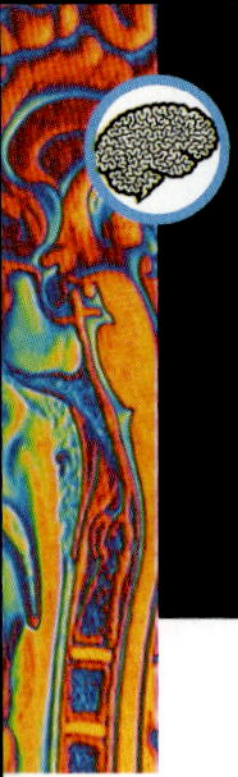

Das **GEHIRN** ist das *erstaunlichste*

Es wiegt etwa 1400 g – das sind knapp eineinhalb Tüten Zucker – und ist ungefähr so groß wie ein Blumenkohl.

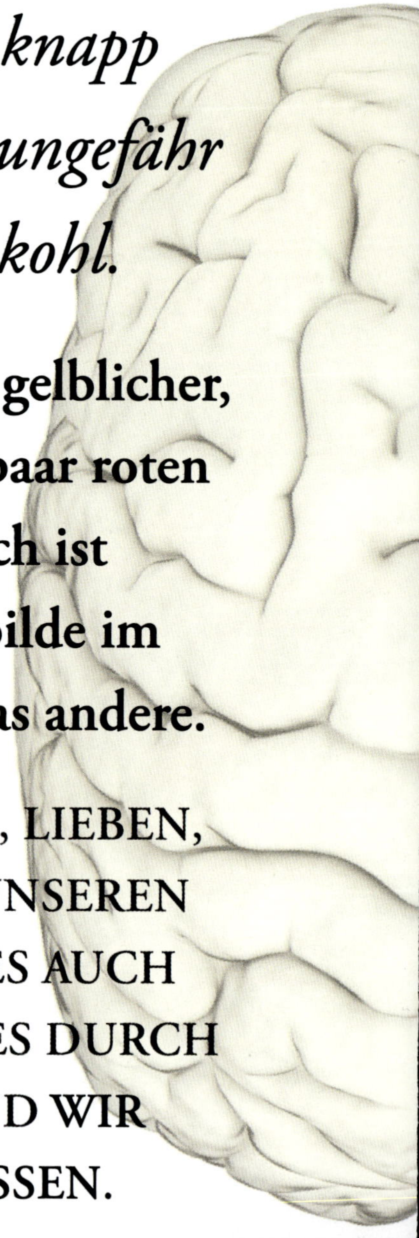

Es sieht ein wenig aus wie ein gelblicher, wulstiger Pilz und ist von ein paar roten Äderchen überzogen. Und doch ist unser Gehirn das komplizierteste Gebilde im Universum – und kein Gehirn ist wie das andere.

ES IST DER ORT, AN DEM WIR DENKEN, LIEBEN, LACHEN, LERNEN, UND ES STEUERT UNSEREN KÖRPER. KEIN WUNDER ALSO, DASS ES AUCH EMPFINDLICH IST. DESHALB WIRD ES DURCH DEN SCHÄDEL GESCHÜTZT UND WIR MÜSSEN GUT DARAUF AUFPASSEN.

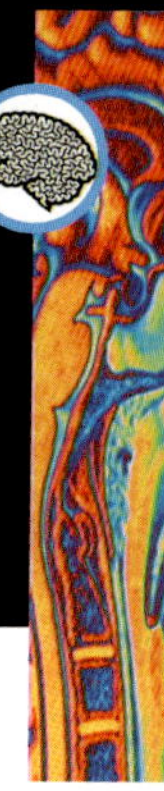

Organ in unserem Körper – und das *geheimnisvollste.*

In einem Gehirn befinden sich unzählige winzige Zellen. Die wichtigsten von ihnen sind die Neurone. Das sind weitverzweigte Zellen, die elektrische Signale an andere Neurone weiterleiten. Davon gibt es ungefähr 100 Milliarden im Gehirn, und jedes Neuron kann mit bis zu 10 000 weiteren Neuronen verknüpft sein.

JEDE SEKUNDE RASEN BILLIONEN ELEKTRISCHER SIGNALE DURCH UNSERE NEURONE – SELBST WENN WIR SCHLAFEN – UND BAHNEN SICH UNGLAUBLICH VERSCHLUNGENE PFADE DURCH DAS KOMPLEXESTE NETZWERK, DAS WIR KENNEN.

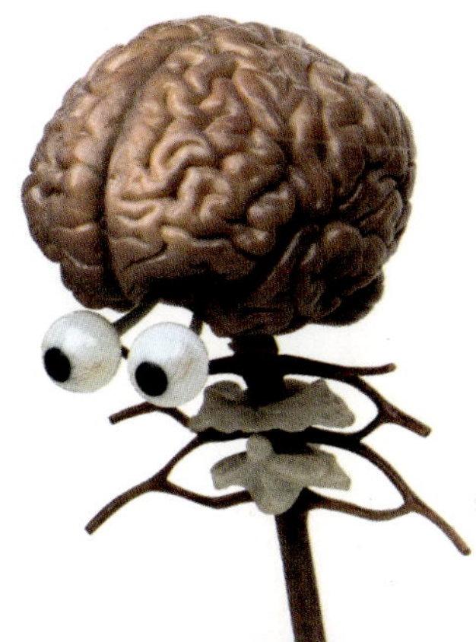

Das Gehirn ist das Wunder der Evolution und ***macht uns zu dem, was wir sind.***

PROFESSOR ROBERT WINSTON

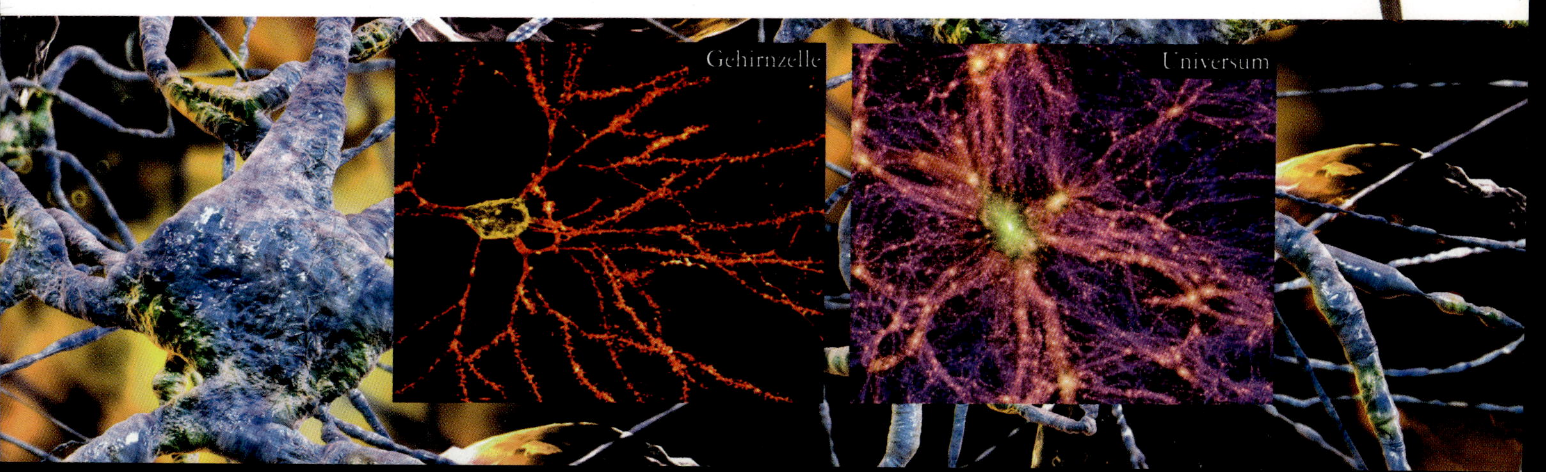

INHALT

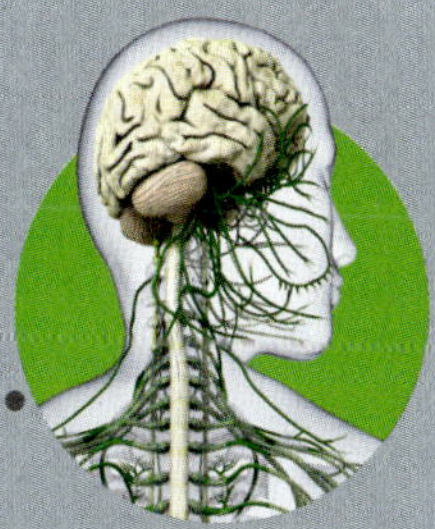

EINFÜHRUNG

Jahrhundertelang hielt man Herz oder Seele für den Sitz der Gedanken und Gefühle und das Gehirn für nutzloses Zeug.

Dank einiger schauriger Entdeckungen kam die Wahrheit über die geheimnisvolle Masse im Kopf an den Tag. Heute wissen wir mehr über das Gehirn als je zuvor. Trotzdem gibt es uns noch Rätsel auf.

Wir wollen mit dem Gehirn das Gehirn ergründen. Noch ist es das einzige Organ, das wir nicht wirklich verstehen – und vielleicht nie verstehen werden.

Die Entdeckung des Gehirns

Ohne die Wissenschaft und etwa 8500 Jahre Vergangenheit würden wir vielleicht gar nicht wissen, dass wir ein Gehirn haben. Von der Entdeckung des Gehirns …

Die alten Ägypter gaben dem Gehirn einen Namen, aber beachteten es nicht. Vor der Mumifizierung eines Toten konservierten sie sorgfältig das Herz. Doch das Gehirn zogen sie durch die Nase raus und warfen es weg.

Der griechische Arzt **Herophilos** begründete die Anatomie. Er öffnete Leichen und skizzierte deren Inneres. Nach genauen Untersuchungen der Augen und Nerven stellte er fest, dass das Gehirn das Kontrollzentrum des Körpers ist.

6500 v. Chr. | 1077 v. Chr. | 400 v. Chr. | 300 v. Chr. | 0

Als **Trepanation** bezeichnet man Operationen am Schädel, die schon die Steinzeitmenschen kannten. Sie bohrten aufs Geratewohl Löcher in den Schädel, um Krankheiten zu „behandeln" – von leichten Kopfschmerzen bis hin zum Wahnsinn.

Der griechische Denker **Aristoteles** war der erste große Wissenschaftler. Doch vom Gehirn hatte er verrückte Ansichten. Er hielt das Herz für den Sitz der Gefühle und das Gehirn für ein Kühlelement, das den Körper vor Überhitzung schützt.

… bis zur Erkenntnis, was der glitschige „Computer“ im Kopf eigentlich macht, war es ein weiter, langwieriger, aber faszinierender Weg.

Andreas Vesalius skizzierte als Erster das Gehirn im Detail. Eine Skizze zeichnete er von einem Mörder, der gehängt wurde und dann geköpft. Vesalius sezierte die Leiche in aller Öffentlichkeit und präparierte das Skelett für die Universität Basel.

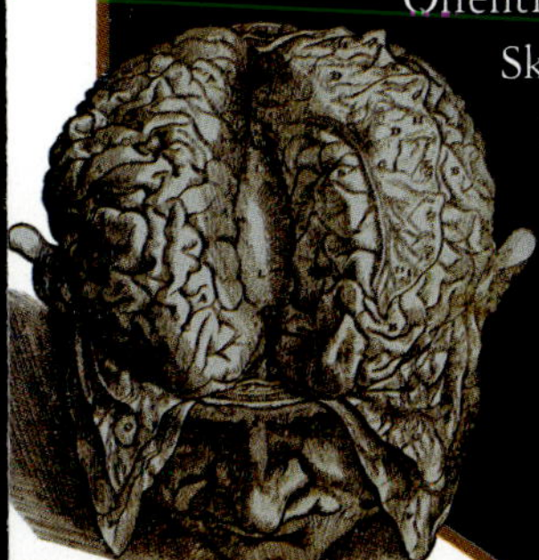

Phineas Gage war ein fleißiger, zuverlässiger Bahnarbeiter, bis sich ihm bei einem Unfall eine Eisenstange durchs Vorderhirn bohrte. Plötzlich war er grob, achtlos und aggressiv. Dieser berühmte Fall zeigte, dass Verletzungen am Stirnlappen den Charakter dramatisch verändern können.

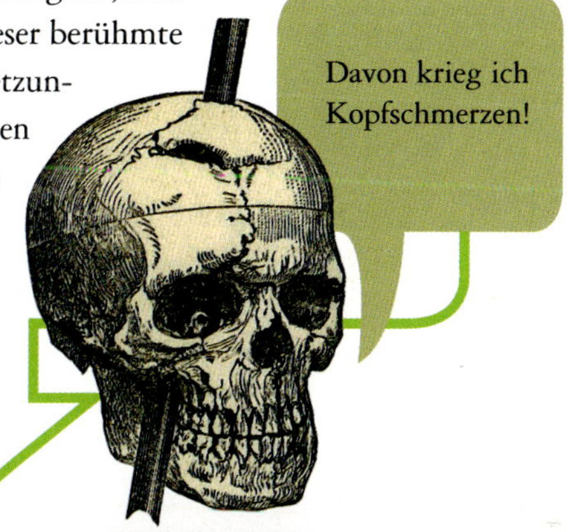

1543 1637 1848 1850

Das erste psychologische Laboratorium, Deutschland (1879)

René Descartes war ein französischer Philosoph, der bis mittags im Bett schrieb. Er vertrat die berühmte Ansicht, dass Geist und Körper zwei verschiedene Dinge sind, die aber zusammenarbeiten. Am bekanntesten ist sein Zitat: „Ich denke, also bin ich.“

Hermann von Helmholtz verhalf der Psychologie zur Wissenschaft. Seine Experimente darüber, wie Menschen Farben sehen und Geräusche hören, waren die ersten wissenschaftlichen Studien zur Wahrnehmung. Darauf aufbauend entwickelte Wilhelm Wundt die experimentelle Psychologie.

Der französische Arzt **Paul Broca** entdeckte das Sprachzentrum im Gehirn. Einer seiner Patienten trug den Spitznamen „Tan", weil er nur diese Silbe sagen konnte. Nach Tans Tod untersuchte Broca dessen Gehirn und fand eine Schädigung an der linken Vorderseite. Broca folgerte, dass die betroffene Stelle an der Aussprache von Wörtern beteiligt sein muss. Broca, nach dem diese Stelle benannt ist, untersuchte als Erster, welche Teile im Gehirn wofür zuständig sind.

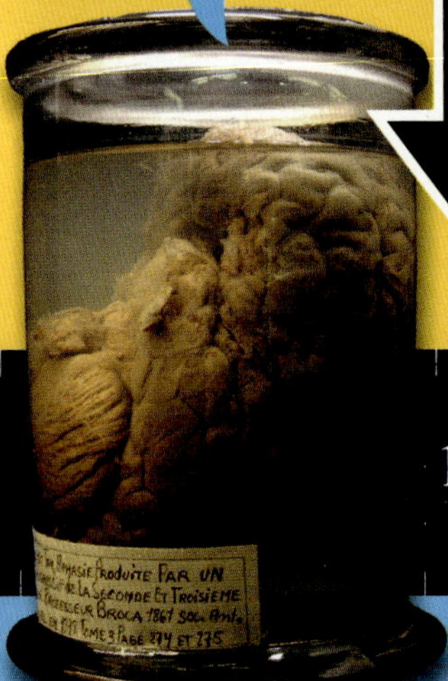

Der österreichische Arzt **Sigmund Freud** glaubte, dass seelische Probleme auf Kindheitserlebnisse zurückgehen. Freud zufolge werden wir von „unbewussten" Kräften gesteuert, die wir nicht bemerken, außer in Träumen und Albträumen. Freud erfand die Psychoanalyse, wobei sich die Patienten auf die Couch legen und über ihr Leben berichten. Der Analytiker hörte geduldig zu, erklärte ihnen, was falsch lief, und stellte dann eine gepfefferte Rechnung. Einige von Freuds Ansichten hält man nun für unwissenschaftlich. Aber er gilt immer noch als großer Denker.

1861 1870 1900 1914

Der deutsche Neurologe **Dr. Eduard Hitzig** führte Experimente an Hunden durch, bei denen er verschiedene Hirnregionen mit einer elektrischen Nadel reizte, und fand heraus, dass sich – je nach stimulierter Hirnregion – verschiedene Körperteile bewegten. Reizte er die linke Hirnhälfte, zuckte die rechte Körperseite, und umgekehrt.

Der britische Forscher **Henry Dale** entdeckte 1914 die Neurotransmitter (chemische Stoffe, die Signale zwischen Neuronen weiterleiten). Als Student war er an Tierversuchen beteiligt, die auf große Proteste stießen. Solche Versuche führten zu wichtigen Erkenntnissen über das Gehirn. Heute versucht man, das Leiden von Versuchstieren zu minimieren.

Gordon Holmes war ein irischer Arzt, der Schädigungen am Hinterhauptslappen, Kleinhirn und Hirnstamm analysierte. Er untersuchte die Kopfverletzungen von über 2000 Soldaten des Ersten Weltkriegs. Dabei fand er heraus, dass eine heute als Sehrinde bezeichnete Region im hinteren Teil des Gehirns für das Sehen verantwortlich ist.

Jetzt sehe ich es deutlich.

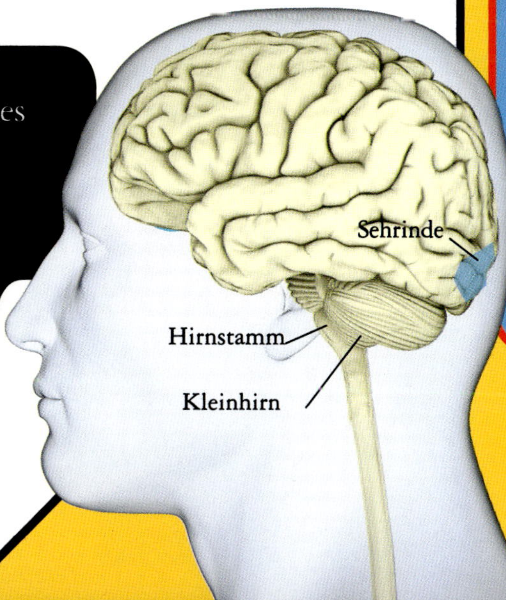

Die **Lobotomie** war eine drastische Form der Neurochirurgie, die vor allem 1930 bis 1960 angewandt wurde. Sie sollte Menschen mit psychischen Leiden oder Hirnstörungen wie Epilepsie heilen. Dabei kappte man die Verbindung zwischen Stirnlappen (wichtig für logisches Denken) und dem übrigen Gehirn. Das ging schnell und einfach, indem man ein Messer durch die Augenhöhle ins Gehirn stieß. Obwohl die Patienten oft geheilt wurden, kam es zu unerwünschten Persönlichkeitsveränderungen, und viele Ärzte hielten den Eingriff für unmenschlich. Tausende Menschen wurden einer Lobotomie unterzogen, bis sich Anfang der 1970er-Jahre alternative Heilmethoden durch Medikamente boten. Auch heute noch werden vereinzelte Lobotomien durchgeführt.

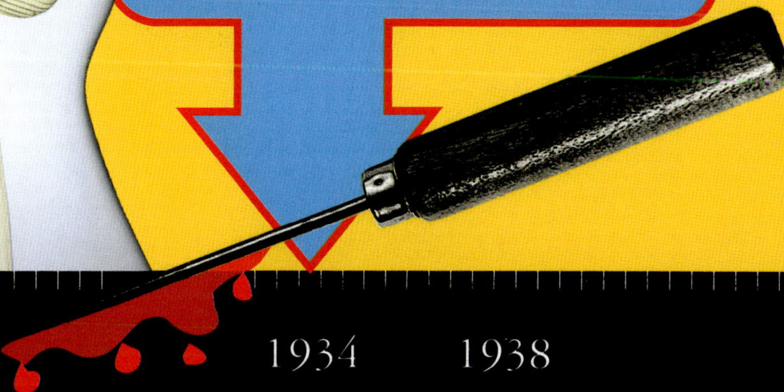

1919 1920 1934 1938

Die **Elektroenzephalografie** ist die Messung und Aufzeichnung von Hirnströmen durch ein am Kopf angebrachtes Instrument. Hirnströme wurden erstmals vom deutschen Forscher Hans Berger untersucht. Er erhoffte sich dadurch Erkenntnisse über Telepathie.

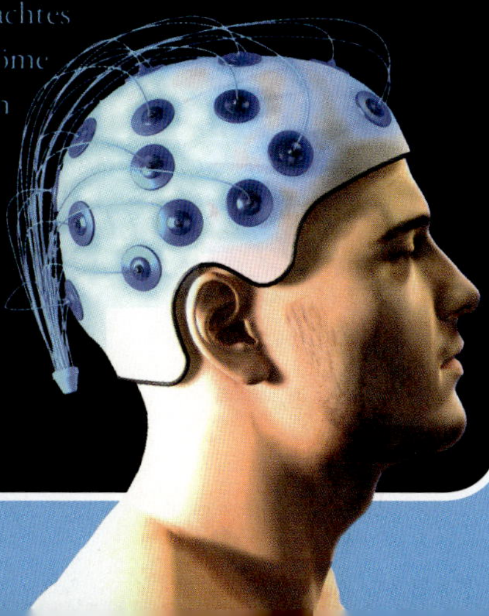

Burrhus Frederic Skinner, ein amerikanischer Psychologe, glaubte, wir könnten das Verhalten von Tieren (und Menschen) ohne Einbeziehung des Gehirns verstehen. Der „Behaviorismus“ ging davon aus, dass Belohnung oder Bestrafung Tiere zum Handeln bringen. Diese Theorie beherrschte die Psychologie jahrelang. Erst in den 1960er-Jahren wandte man sich wieder dem Gehirn zu.

Ich rieche den Braten.

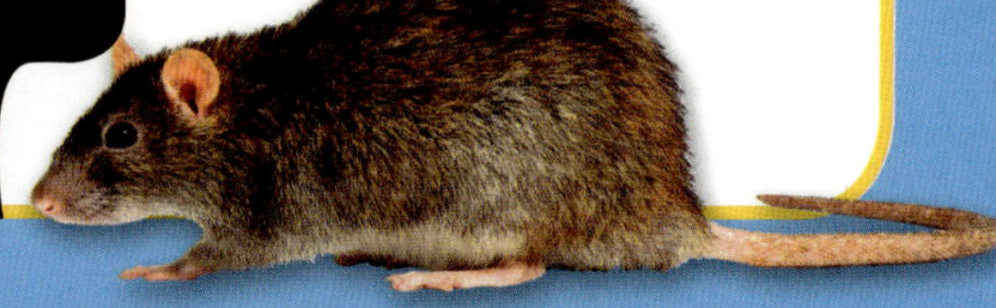

Wilder Penfield war ein Neurochirurg, der Experimente am offenen Gehirn vornahm, während er Epilepsie-Patienten operierte. Er stimulierte verschiedene Hirnregionen mit einer elektrischen Nadel und beobachtete, welche Körperteile darauf reagierten. So konnte er den Hirnregionen die entsprechenden Körperregionen zuordnen. Die Sinnesorgane (im Modell vergrößert dargestellt) nehmen den meisten Raum ein.

Die **kognitive Psychologie** war eine neue Art der Hirnforschung, die in den 1960er-Jahren begann. Bis dahin hatten Psychologen nur das Verhalten untersucht und sich nicht darum gekümmert, was im Gehirn selbst passiert. Das wollten die Psychologen nun ergründen, nachdem sie gedacht hatten, das Gehirn wäre eine Maschine, die nach einfachen Regeln programmiert ist. Die kognitive Psychologie wollte daher die versteckten Regeln von Sprache, Sehen, Gedächtnis und anderen geistigen Prozessen aufzeigen.

1951 1953 1960er

Henry Molaison („HM" genannt) hatte den meist untersuchten Kopf der Welt. Nach einer Gehirnoperation 1953 konnte sich der Epileptiker nichts Neues mehr merken. Den Rest seines Lebens half er Forschern als Versuchsperson, die Rätsel um das Gedächtnis zu lösen.

José Delgado erfand 1964 das erste funkgesteuerte Gehirn. Er pflanzte Elektroden in das Gehirn eines Kampfstiers und begab sich in eine Arena, um zu warten, bis das Tier angriff. Dann versetzte er ihm per Fernsteuerung einen Stromschlag, wodurch der Stier sofort stehen blieb.

Roger Sperry untersuchte Menschen, bei denen die Verbindung zwischen linker und rechter Hirnhälfte operativ getrennt war – der letzte Ausweg bei Epilepsie. Dadurch entstehen zwei „Persönlichkeiten", die verschiedene Körperteile kontrollieren und sich manchmal widersprechen!

„Das freudige Gefühl in meiner rechten Hirnhälfte ist so groß, dass ich dafür keine Worte in meiner linken finde."

Neurowissenschaft

ist das moderne Wort für Hirnforschung. Für Neurowissenschaftler sind Gehirnzellen (Neurone) elektrische Komponenten, die in einem komplexen Schaltkreis miteinander verbunden sind. Die Neurowissenschaft wird von vielen Disziplinen wie Biologie, Medizin, Mathematik und Informatik beeinflusst.

In der Neurowissenschaft ist es wichtig, gut vernetzt zu sein!

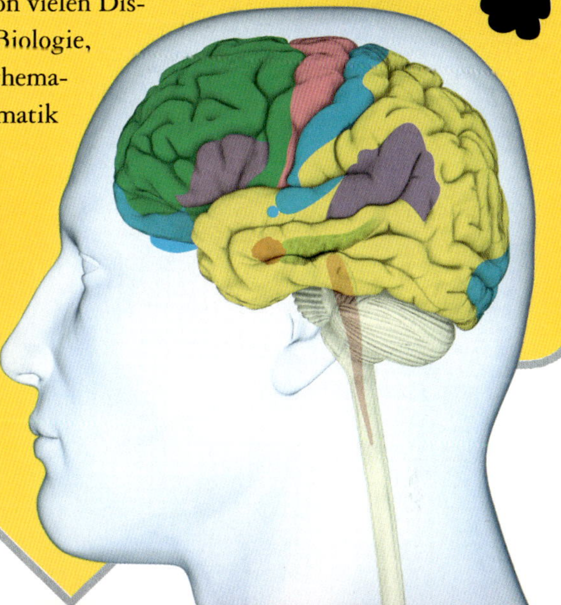

1970er — 1980er — 1995

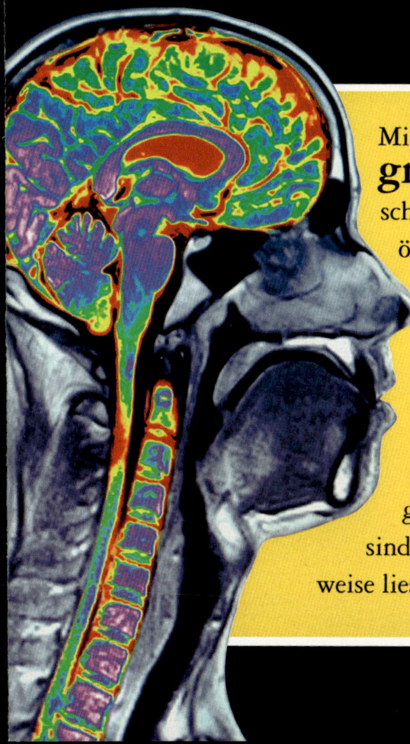

Mithilfe von **Hirntomografien** kann man ins Gehirn schauen, ohne den Schädel zu öffnen – eine tolle Erfindung für Ärzte (und Patienten!). So lassen sich Krankheiten wie Hirntumoren viel leichter erkennen und behandeln. Außerdem sieht man anhand solcher Bilder, welche Teile eines gesunden Gehirns am aktivsten sind, wenn ein Mensch beispielsweise liest oder angelächelt wird.

Spiegelneurone gehören zu den aufregenden Entdeckungen der Hirnforschung: Durch sie verstehen wir möglicherweise Verhalten und Gefühle anderer. Viele Fragen aber sind noch offen: Warum schläft man, wie beeinflussen Gene das Gehirn, wie verändert es sich im Lauf des Lebens oder welche Veränderungen führen zu psychischen Störungen?

Warum haben wir ein Gehirn?

Du denkst vielleicht, ohne Gehirn kann man nicht leben. Aber viele Tiere kommen sehr gut ohne zurecht. In einer Pflanze oder einem Mikroorganismus gibt es keine Nerven, geschweige denn ein Gehirn. **Wozu hat man es also?** Und warum ist unser Gehirn so groß, dass es ein Fünftel unserer Körperenergie verbraucht?

Wesen ohne Gehirn

PFLANZEN

Während Tiere ein aktives Leben führen, sich bewegen und die Welt erkunden, sind Pflanzen an einem Ort verwurzelt. Da sie folglich keine komplizierten Sinnesorgane oder schnellen Reflexe brauchen, haben sie kein Nervensystem. Und weil sie keins haben, haben sie auch kein Gehirn. Trotzdem können Pflanzen ihre Umwelt wahrnehmen und reagieren. Sie sind lichtempfindlich und wachsen zur Lichtquelle. Aber weil ihre Bewegungen so langsam sind, können wir das kaum sehen.

Stubenhocker

Manche Meerestiere verbringen wie Pflanzen ihr Leben an einem Ort und brauchen daher auch kein Gehirn. Eine Seeanemone ist ein Tier ohne Gehirn, das an einem Fels lebt. Sie schwenkt ihre klebrigen Tentakel und fischt damit vorbeischwimmende Partikel aus dem Wasser. Durch ein einfaches Nervennetz kann sie ihre Bewegungen koordinieren und sich bei Gefahr zu einer Kugel zusammenrollen.

????

KEIN KOPF, KEIN GEHIRN

Seesterne, Seeigel, Quallen und andere Tiere ohne Kopf können nicht denken, weil sie kein Gehirn haben. Sie haben kein Vorderende, keine linke oder rechte Seite. Wenn sie sich bewegen, ist ihnen die Richtung gleich, es macht für ihren Körper keinen Unterschied. Sie haben Nerven, aber wie bei einer Seeanemone bilden diese ein einfaches Netz, das sich durch den Körper zieht. Sie sind nirgendwo zu einer hirnartigen Masse gebündelt.

Die Anfänge des Gehirns

Tiere mit Köpfen

Etwa vor einer Milliarde Jahren begannen wurmartige Tiere, sich gezielt unter Führung eines Körperteils – dem Vorderende oder Kopf – zu bewegen. Mit zunehmender Entwicklung und Erkundung des Lebensraums siedelten sich Augen und andere Sinnesorgane am Kopf an, denn es war wichtig, Sinneseindrücke (Nahrung, Gefahr, Licht, Salz) so früh wie möglich zu empfangen und die Eindrücke zu analysieren. Aus dem Nervenbündel wurde ein Gehirn und aus den Würmern entwickelten sich alle heutigen Tierarten mit Kopf.

Welches Gehirn hat das Kommando?

Tintenfische sind erstaunlich klug, aber haben kein einzelnes, großes Gehirn. Sie haben ein Haupthirn, und zwei Drittel ihrer Gehirnzellen sind über die Fangarme verteilt. Das macht insgesamt quasi 9 Gehirne. Durch die Minigehirne arbeiten die Fangarme ziemlich selbstständig und geben dem Haupthirn keine direkte Rückmeldung. Dadurch kann der Tintenfisch nicht „fühlen", wo seine Arme sind – das steuern die Arme allein. Ein Tintenfisch weiß nur, was seine Fangarme tun, wenn er sie anschaut.

Wesen mit Gehirn

Gar nicht so weise

Eine Eule hat für einen Vogel ein großes Gehirn, aber das macht sie nicht klug. Den größten Teil des Gehirns nutzt sie, um Sinneseindrücke ihrer exzellenten Augen und Ohren zu verarbeiten und Flugbewegungen zu koordinieren. Eine Eule lernt nicht viel. Ihr Gehirn reagiert automatisch, instinktiv und folgt programmierten Verhaltensmustern – beim Putzen, Schlafen oder Füttern ihrer hungrigen Küken.

Ich handle instinktiv, wie eine Eule, habe aber ein leistungsfähigeres Gehirn als ein Vogel. Mein Säugetierhirn ist viel größer, so kann ich viele neue Dinge lernen. Statt sich auf vorinstallierte Software (Instinkte) zu verlassen, wird mein Gehirn immer wieder nachgerüstet, während ich heranwachse und spielen, kämpfen, jagen, klettern und überleben lerne.

KLATSCH UND TRATSCH

Unser Gehirn ist 6-mal größer als das ähnlich großer Säugetiere. Warum? Wie andere Primaten (Affen, Menschenaffen) leben wir in Gemeinschaften und müssen miteinander auskommen. Dscheladas leben in den größten sozialen Gruppen. Sie verbringen 40 % ihres Lebens mit Fellpflege und stärken so soziale Bindungen. Wie wir haben sie einen riesigen Stirnlappen (der denkende Teil des Gehirns). Vielleicht haben wir ein großes Gehirn, weil man intelligent sein muss, um Beziehungen zu anderen intelligenten, unberechenbaren Wesen zu pflegen. Manche glauben, dass das Tratschen aus der Fellpflege entstand. So bleiben Menschen in Kontakt und erhalten nützliche Informationen über andere.

Aufbau des *Gehirns*

Unser Gehirn ist etwa so groß wie zwei zusammengelegte Fäuste. Und wie diese teilt es sich in **zwei Hälften** und hat eine knubblige, zerfurchte Oberfläche. **Die Gehirnoberfläche** bestimmt unsere Intelligenz.

Die meisten Denk- und Verarbeitungsprozesse laufen an der Gehirnoberfläche ab, die man **Großhirnrinde nennt.** Sie ist tief zerfurcht, damit eine größere Fläche in unserem Kopf Platz hat. Die tiefste Furche verläuft zwischen den beiden Hirnhälften. Weitere tiefe Furchen unterteilen die Hälften in vier Regionen, die **Lappen**. Unter den Lappen, tief im Inneren des Gehirns, liegen die primitiveren Regionen.

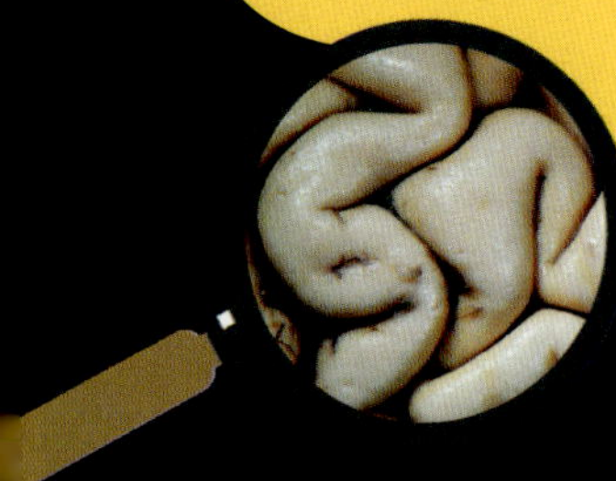

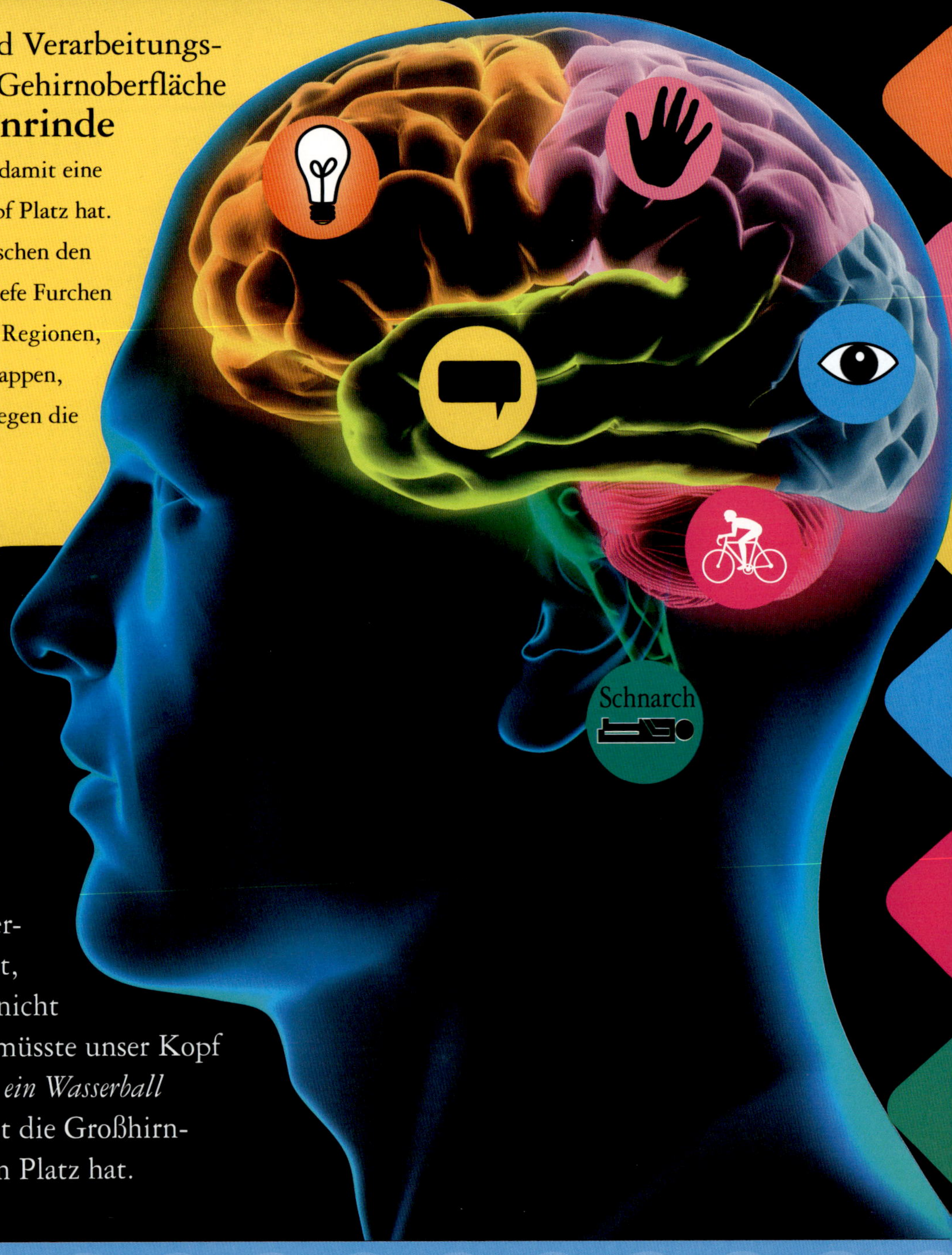

Wäre die Gehirnoberfläche glatt, flach und nicht gefurcht, müsste unser Kopf *so groß wie ein Wasserball* sein, damit die Großhirnrinde darin Platz hat.

Frage: Wie viel Prozent des Gehirns bestehen aus Wasser?

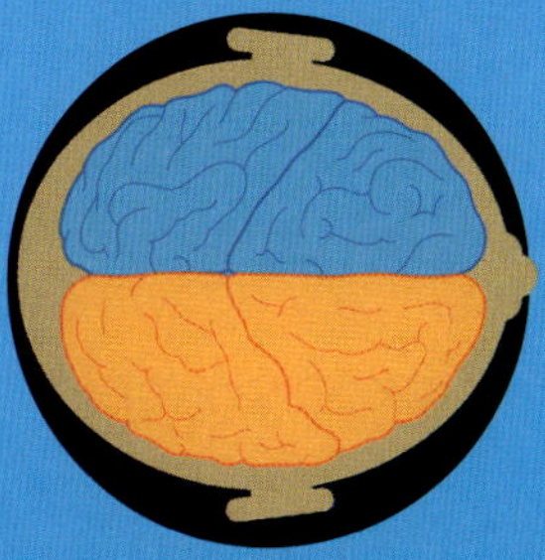

Zwei Gehirne in einem

Der Hauptteil unseres Gehirns ist in zwei Hälften oder HEMISPHÄREN geteilt. Sie sind spiegelgleich, dadurch haben wir in mancher Hinsicht zwei Gehirne in einem. Das ist praktisch, denn wenn eine Hälfte verletzt wird, kann die andere manchmal (nicht immer) übernehmen. So, wie wir – quasi als Ersatzteile – zwei Ohren und Augen haben. Die linke Hirnhälfte steuert die rechte Körperseite und sieht den rechten Teil des Gesichtsfelds. Die rechte Hirnhälfte kümmert sich um die linke Seite.

STIRNLAPPEN: Wir benutzen ihn größtenteils zum Denken, aber auch, um zu planen, zu folgern, die Gedanken anderer zu verstehen und die eigenen zu verbergen.

SCHEITELLAPPEN: Hier werden u.a. Sinneseindrücke wie Berührungen, Geschmack und Schmerz verarbeitet.

SCHLÄFENLAPPEN: Er spielt eine wichtige Rolle für das Hören, Sprechen und das Langzeitgedächtnis.

HINTERHAUPTSLAPPEN: Hier werden Informationen vom Auge verarbeitet, damit das Gehirn ein inneres Abbild der Welt schaffen kann.

KLEINHIRN: Unter den zwei Hemisphären ist ein einzelnes, separates Gebilde: das Kleinhirn. Es koordiniert die Bewegungsabläufe der Muskeln, so wie ein Dirigent die Einsätze der Musiker koordiniert.

HIRNSTAMM: Nerven aus unserem Körper treten am Hirnstamm ins Gehirn ein. Der Hirnstamm steuert lebenswichtige Funktionen wie Herzschlag und Atmung.

GRÖSSE DES GEHIRNS

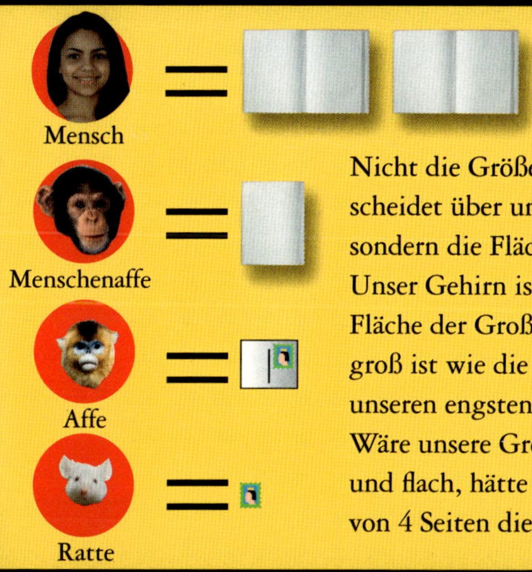

Nicht die Größe des Gehirns entscheidet über unser Denkvermögen, sondern die Fläche der Großhirnrinde. Unser Gehirn ist so zerfurcht, dass die Fläche der Großhirnrinde 4-mal so groß ist wie die von Schimpansen – unseren engsten lebenden Verwandten. Wäre unsere Großhirnrinde glatt und flach, hätte sie etwa die Fläche von 4 Seiten dieses Buchs.

DAS LIMBISCHE SYSTEM

Tief im Inneren des Gehirns liegt ein kompliziertes Gebilde, das sich sehr von der zerfurchten Großhirnrinde unterscheidet – das „limbische System“. Hier entstehen starke, instinktive Gefühle wie Angst und Aufregung. Unser limbisches System ähnelt dem anderer Tiere. Manche Wissenschaftler halten es für einen sehr alten Teil des Hirns, das „animalische Bedürfnisse“ entstehen lässt.

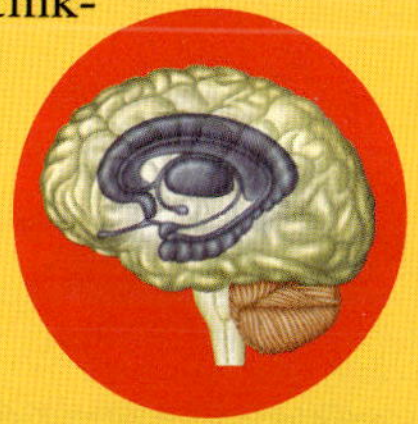

BLUTVERSORGUNG

Das Gehirn ist *sehr* hungrig. Es nimmt 2 % unseres Gewichts ein, aber nutzt 20 % unserer Energie. (Keine Angst – es verbraucht nur 20 Watt, etwa so viel wie eine sparsame Glühlampe.) Um das Gehirn mit genügend Zucker und Sauerstoff zu versorgen, pumpt das Herz 20 % unseres Bluts in das Organ.

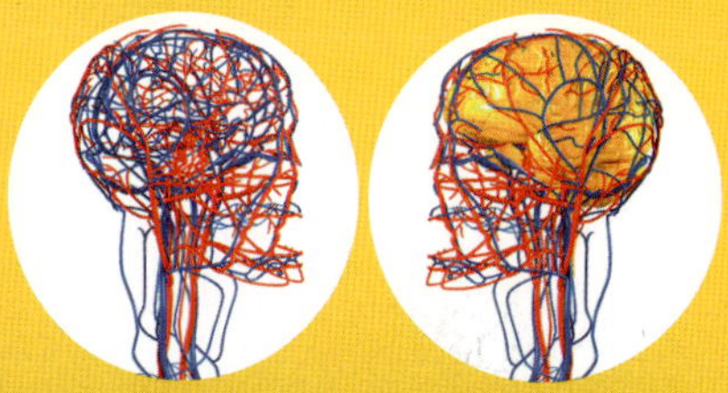

Antwort: 85%

Gehirnzellen

Um herauszufinden, woraus unser Gehirn besteht, müssen wir es unter dem Mikroskop betrachten. Die Zellen des Gehirns heißen **Nervenzellen** oder **Neurone**. Sie sind miteinander in einem komplexen Netz verbunden. Durch sie arbeitet unser Gehirn in etwa wie ein Computer.

Ein Computerchip besteht aus wenigen Millionen Transistoren mit je drei bis vier Verknüpfungen.

RECHENLEISTUNG

Unser Gehirn hat 100 Milliarden Neurone. Jedes ist mit bis zu 10 000 anderen verbunden. Damit hat unser Gehirn sagenhafte 500 000 Verknüpfungen mehr als der beste Computerchip. Außerdem kann unser Gehirn mühelos „massiv parallel" arbeiten – wie es Informatiker nennen. Das ist so, als ob Tausende Computer gleichzeitig an derselben Aufgabe arbeiten würden.

Wer leistet mehr, ein Hoch

Hochleistungsrechner

Das Gehirn ist ***lern- und anpassungsfähig.*** Es kann

NEURONE

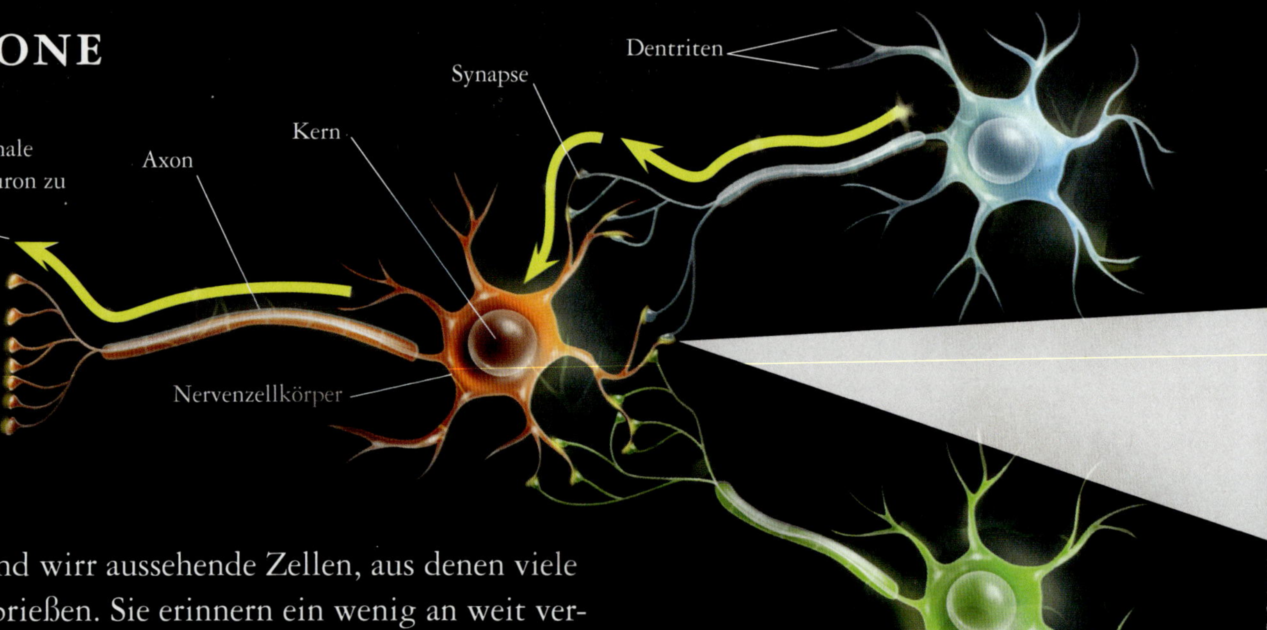

Neurone sind wirr aussehende Zellen, aus denen viele Fortsätze sprießen. Sie erinnern ein wenig an weit verzweigte Wurzeln. Diese Fortsätze leiten Informationen in Form von elektrischen Signalen an andere Neurone weiter. Gewöhnlich gibt es einen besonders langen Fortsatz, das Axon, und viele kleinere Fortsätze, die Dendriten.

Würde man die Neurone mit einer Geschwindigkeit von einem Neuron pro Sekunde zählen, bräuchte man 645 Jahre, um alle zu zählen.

leistungsrechner oder eine Maus?

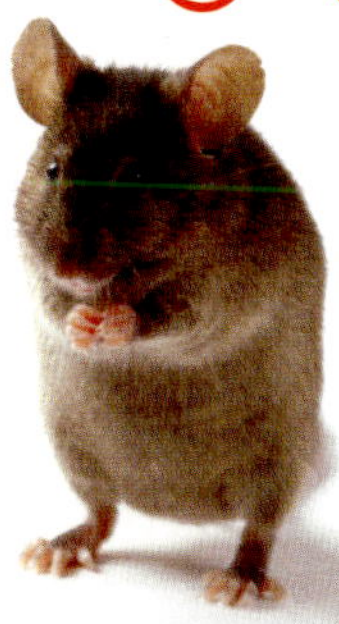

Der beste Rechner der Welt leistet nur etwa halb so viel wie das **Gehirn einer Maus** und braucht dafür über eine Million Mal mehr Platz.

Ganz in Grau und Weiß

Würde man ein Gehirn aufschneiden, könnte man sehen, dass der äußere Teil gelblichgrau und der innere heller ist. Diese zwei Regionen nennt man graue und weiße Substanz. Weiße Substanz besteht aus Axonen, die wie elektrische Leitungen gebündelt sind und verschiedene Hirnregionen miteinander verbinden. Graue Substanz besteht aus Nervenzellkörpern und Milliarden von Dendriten. Hier findet ein Großteil unserer Denkleistung statt.

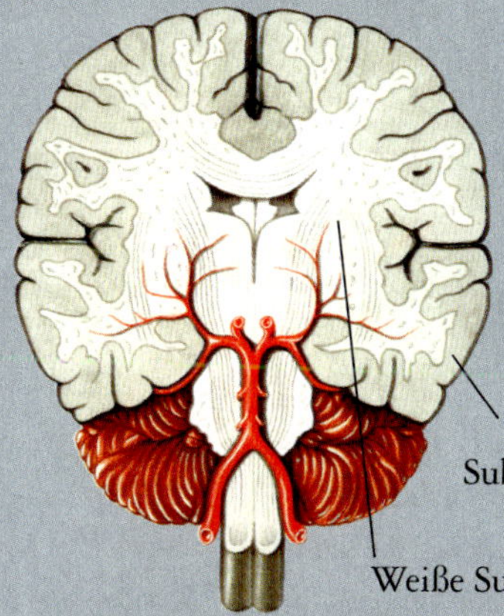

unbenutzte Verknüpfungen *entfernen* und neue *bilden*.

Elektrizität im Körper

Neurone geben elektrische Signale weiter, aber anders als eine Stromleitung. Im Ruhezustand pumpt ein Neuron positiv geladene Natriumatome (von Natriumchlorid, also Salz) aus der Zelle heraus. Dort stauen sich die Atome wie Wasser hinter einem Damm. Geht ein elektrisches Signal ein, öffnet sich die Schleuse und die geladenen Atome strömen ins Zellinnere zurück. Dadurch fließt eine elektrische Ladung mit Geschwindigkeiten bis zu 430 km/h durch das Axon.

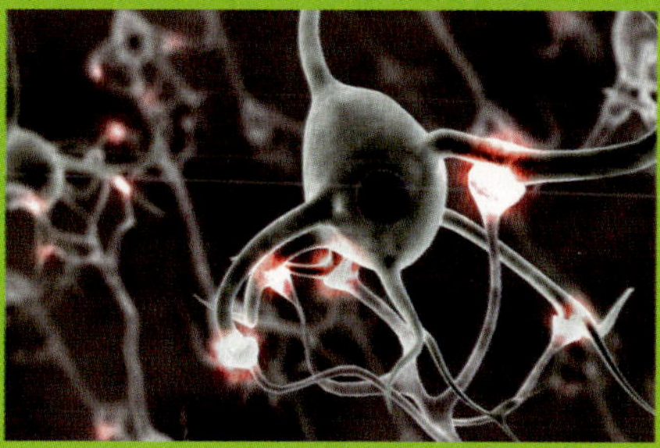

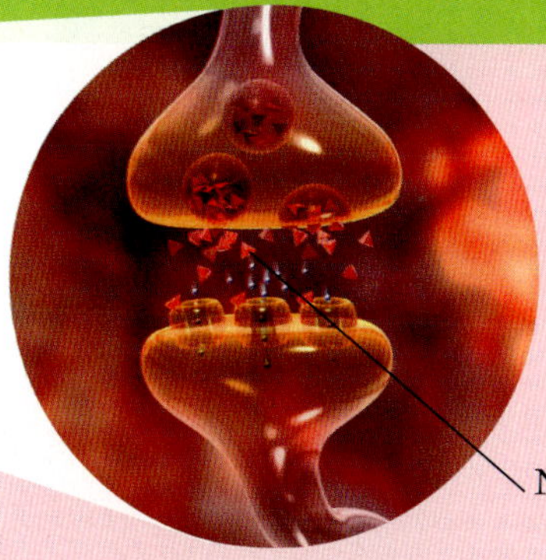

SYNAPSEN

Die Kontaktstellen der Neurone heißen **SYNAPSEN**. Das elektrische Signal kann aufgrund eines winzigen Spalts zwischen den Synapsen direkt übertragen werden: Es wird in biochemische Stoffe (Neurotransmitter) umgewandelt, die den Spalt überqueren und im Nachbarneuron ein elektrisches Signal auslösen.

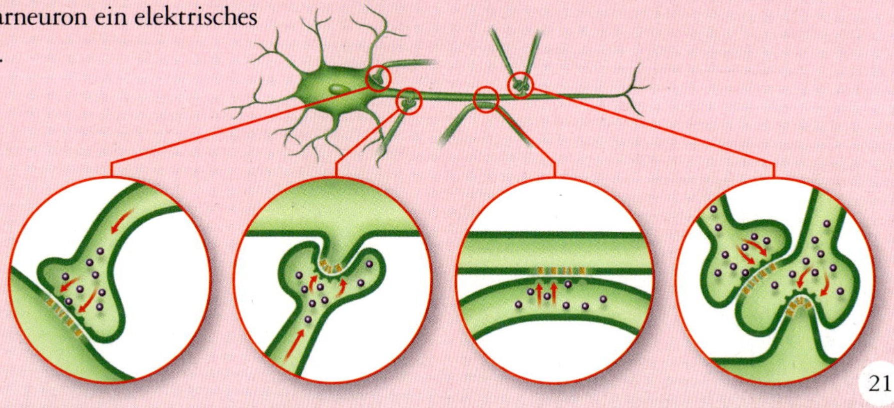

Neurone und Synapsen gibt es in den verschiedensten Formen, Größen und Arten. Dadurch wird das Gehirn noch komplexer und seine Rechenleistung noch größer.

Karte des *Gehirns*

Seit Jahrhunderten will man die FUNKTIONEN DER HIRNREGIONEN ergründen. Ist jede auf eine Aufgabe spezialisiert, wie die Teile eines Taschenmessers, oder arbeitet eine Region mit anderen zusammen? Gehen ihre Zellen ständig wechselnde Verbindungen ein? Dieses Rätsel muss die Wissenschaft noch lösen.

EINE BEULE AM KOPF

Der deutsche Arzt Franz Joseph Gall verkündete in den 1790er-Jahren, er könnte den Charakter einer Person bestimmen, indem er ihren Kopf nach Beulen abtastete. Seiner Theorie zufolge sind die meist gebrauchten Teile des Gehirns – wie bei Muskeln – am größten. Sein System nannte man PHRENOLOGIE, und es war groß in Mode, obwohl es keine Beweise dafür gab. Er unterteilte das Gehirn in „Organe“ mit langen Namen wie „Sinn der Vorsicht“. Gall glaubte, er könnte sagen, ob ein Mensch kinderlieb sei, ob frommer Christ oder heimtückischer Mörder – nur indem er dessen Kopf abtastete.

Diese Karikatur eines Phrenologen bei der Arbeit (1826) machte sich offenbar über diese Theorie lustig.

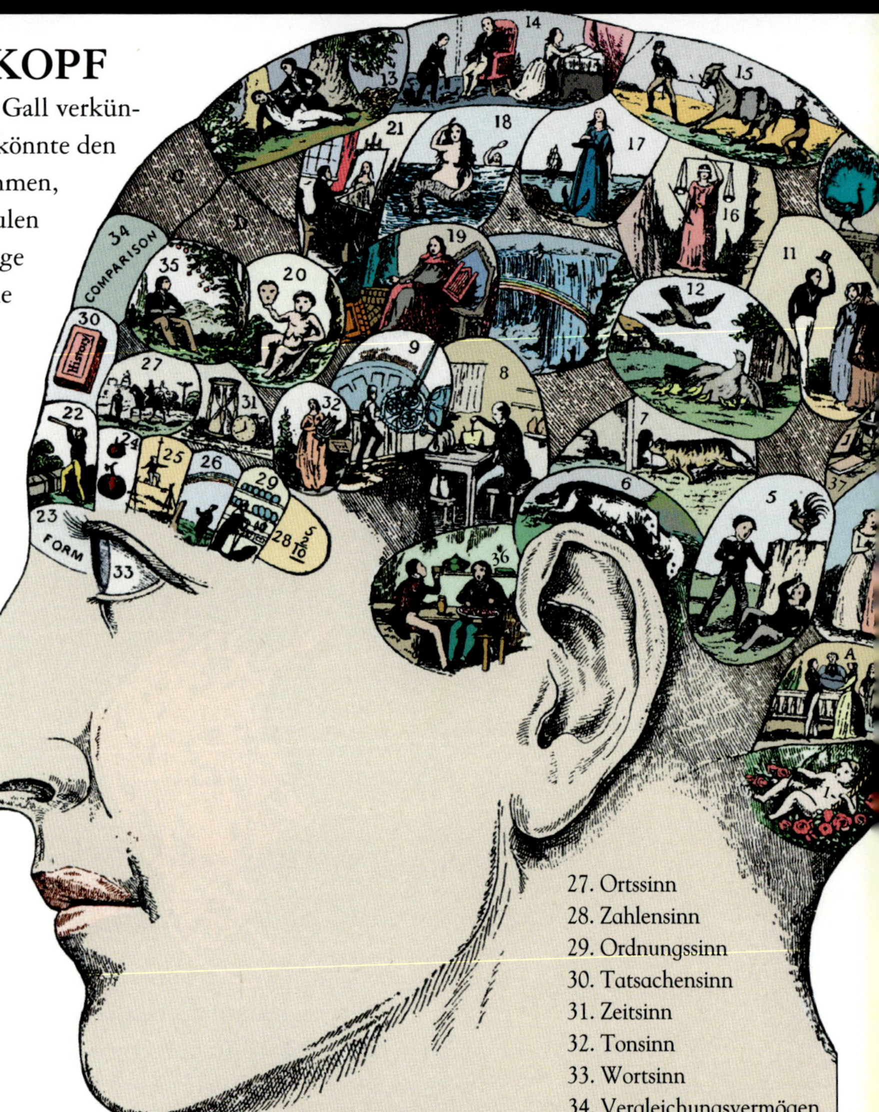

1. Sinn der Geschlechtsliebe
2. Sinn der Kinderliebe
3. Sinn für das Heim
4. Sinn der Anhänglichkeit
5. Kampfsinn
6. Zerstörungssinn
7. Verheimlichungssinn
8. Erwerbssinn
9. Kunst- oder Bausinn
10. Sinn des Selbstgefühls
11. Sinn der Beifallsliebe
12. Sinn der Vorsicht
13. Sinn des Wohlwollens
14. Sinn der Verehrung
15. Sinn der Festigkeit
16. Sinn der Gewissenhaftigkeit
17. Sinn der Hoffnung
18. Sinn für Wunderbares
19. Sinn für Ideales
20. Sinn für Scherz
21. Sinn der Nachahmung
22. Individualitätssinn
23. Formensinn
24. Raum- oder Fernsinn
25. Gewichts- oder Wägesinn
26. Farbensinn
27. Ortssinn
28. Zahlensinn
29. Ordnungssinn
30. Tatsachensinn
31. Zeitsinn
32. Tonsinn
33. Wortsinn
34. Vergleichungsvermögen
35. Schlussvermögen
36. Ernährungssinn
37. Konzentrationssinn

A. Wunsch nach Ehepartner
B. Sinn für das Erhabene
C. Menschliche Natur
D. Höflichkeit und Anstand
E. Lebensfreude

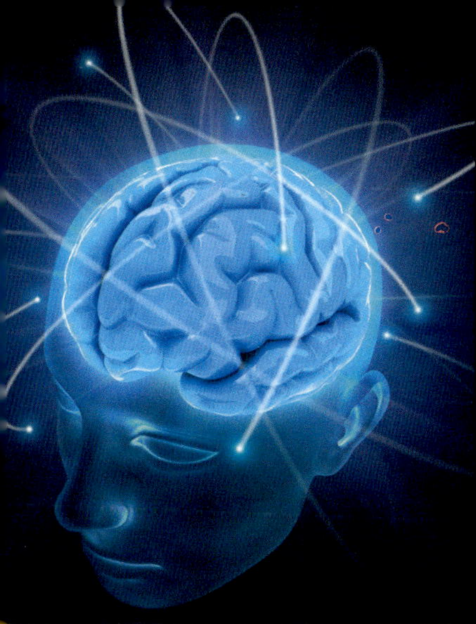

„DAS IST QUACKSALBEREI VON ANFANG BIS ENDE.“

Der schottische Anatom John Gordon über Phrenologie im „Edinburgh Review“ (1815)

MODERNE KARTEN

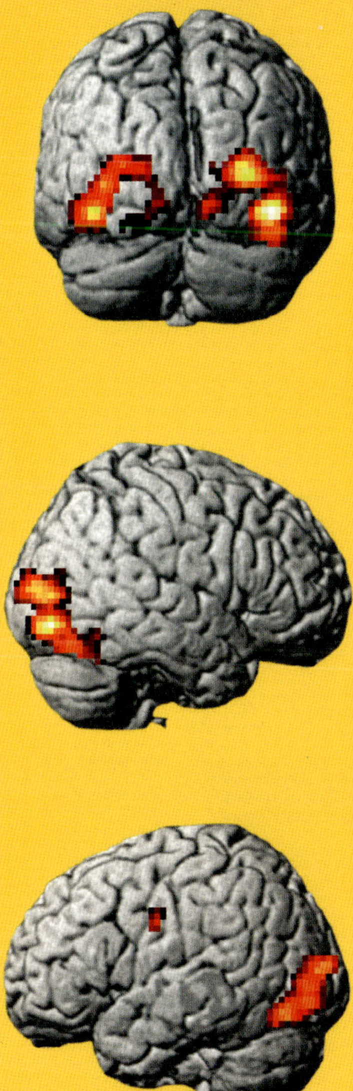

Durch die in den 1970er-Jahren entwickelte Hirntomografie entdeckte man, dass die Hirnregionen tatsächlich unterschiedliche Funktionen haben. Also lag ein Körnchen Wahrheit in der Phrenologie. Durch moderne Tomografen erkennen Hirnforscher, welche Gehirnzellen am schnellsten Energie verbrauchen. Diese aktiven Regionen sind auf dem Bild farbig markiert. Damit konnte man nachweisen, dass einige Handlungen (wie Sprechen) von einer bestimmten Region gesteuert werden, aber auch, dass das Gehirn stark verknüpft ist. An Gedächtnis, Wahrnehmung und Schmerz beispielsweise sind riesige Hirnregionen in komplexen Schaltkreisen beteiligt.

Die Bilder zeigen die Hirnregionen, die beim Menschen aktiviert werden, wenn er ein glückliches Gesicht sieht.

DER MENSCH IM KOPF

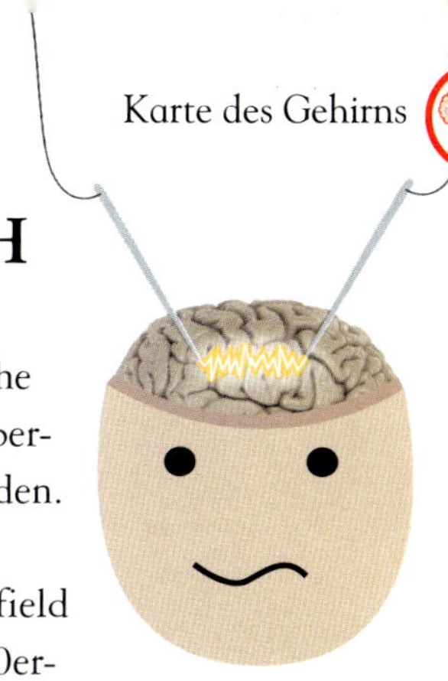

Große Teile der Oberfläche des Gehirns können Körperregionen zugeordnet werden. Das fand der kanadische Hirnforscher Wilder Penfield (1891–1976) in den 1950er-Jahren heraus. Er reizte mit einer elektrischen Nadel den für Sinneseindrücke verantwortlichen somatosensorischen Cortex von Epileptikern. Je nach stimulierter Region hatten die Patienten Empfindungen in verschiedenen Körperteilen. Penfield übertrug die Zuordnung auf eine Skizze und sah, dass einige Körperteile wie Lippen und Zunge einen sehr großen Raum im Gehirn einnehmen.

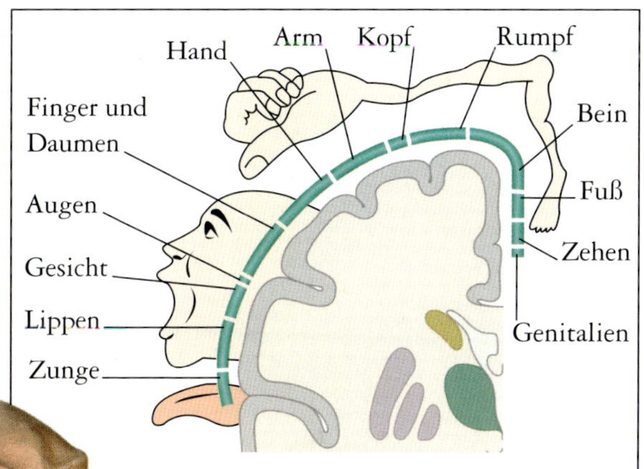

Eine dicke Lippe riskiert

Unser für Tastwahrnehmungen zuständiger somatosensorischer Cortex stellt sich uns wie dieses hässliche Männchen vor. Das Modell ist eine 3-D-Version der von Penfield entdeckten Zuordnung. Rumpf und Arme nehmen im somatosensorischen Cortex keinen großen Raum ein, denn sie sind für ihn nicht wichtig. Er interessiert sich mehr für Tastwahrnehmungen, beispielsweise von Fingern und Lippen. Daher sind sie in seiner „Vorstellung“ riesig.

GEHIRN und KÖRPER

Unser Gehirn besteht aus einem komplizierten Netz elektrischer Schaltkreise, die sich nicht nur auf den Kopf beschränken. Das Gehirn ist durch ein riesiges Neuronennetz mit jedem Körperteil verbunden, das sich über die Wirbelsäule bis in die Finger- und Fußspitzen erstreckt.

Es leitet die Informationen aus der Welt um uns herum weiter, indem es die Daten ans Gehirn sendet. *Das ruft bei uns Empfindungen hervor.* Es steuert unsere Handlungen und Bewegungen sowie unseren Schlaf-wach-Rhythmus.

Nerven-*system*

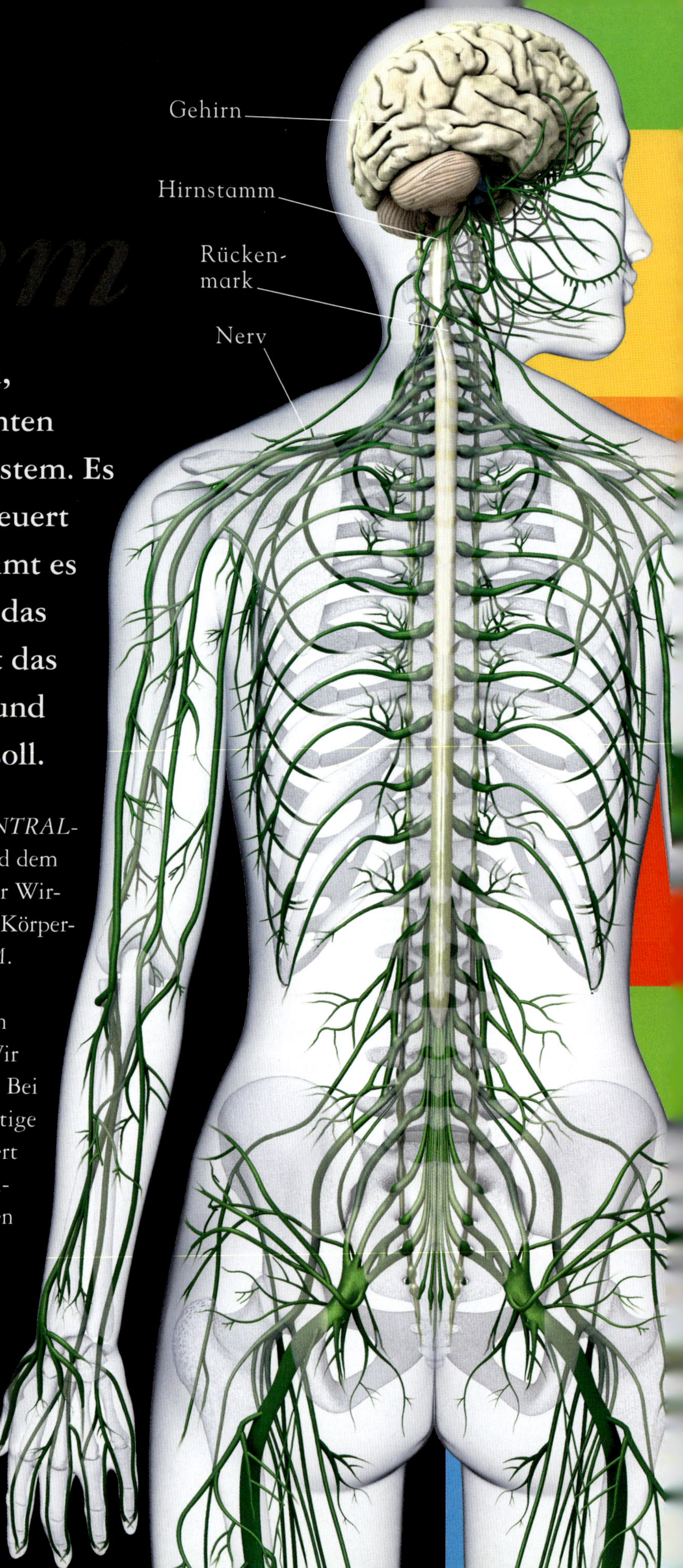

Das Gehirn arbeitet nicht allein, sondern gehört zu einem ausgedehnten NEURONENNETZ, dem Nervensystem. Es zieht sich durch den Körper und steuert jede Handlung. Über die Sinne nimmt es INFORMATIONEN auf. Nachdem das Gehirn diese verarbeitet hat, sendet das Nervensystem neue SIGNALE aus und sagt dem Körper, wie er reagieren soll.

Das Kontrollzentrum des Nervensystems heißt *ZENTRALNERVENSYSTEM* und besteht aus dem Gehirn und dem Rückenmark. Das ist ein dicker Nervenstrang in der Wirbelsäule. Vom Rückenmark gehen Nerven in jeden Körperteil und bilden das *PERIPHERE NERVENSYSTEM*.

Den Großteil des peripheren Nervensystems können wir steuern, doch ein Teil arbeitet unwillkürlich. Wir können ihn mit unserem Willen nicht beeinflussen. Bei Angst z. B. klopft unser Herz schneller. Lebenswichtige Funktionen wie Herzschlag und Atmung kontrolliert der Hirnstamm – der mit dem Rückenmark verbundene Teil des Gehirns. Er kann den Körper am Leben halten, auch wenn der Rest des Gehirns tot ist.

ICH TAPPE IM DUNKELN!

FAST KOPFLOS
Der amerikanische Hahn Mike überlebte einen missglückten Köpfungsversuch um 18 Monate, da sein Hirnstamm teilweise noch intakt war.

DIE SINNE

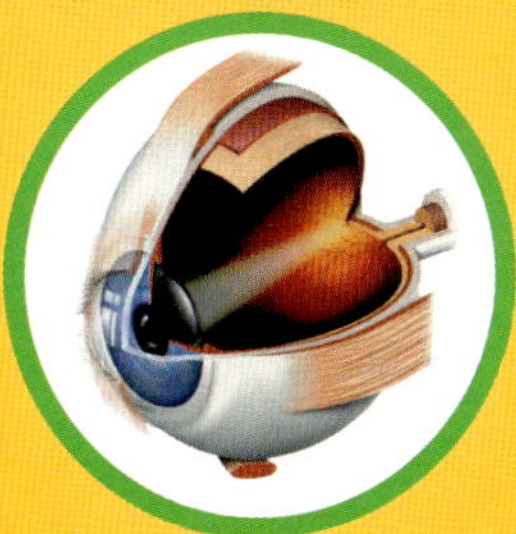

Sehen

Wenn ein Lichtstrahl auf die Neuronen im Auge trifft, senden sie Signale ans Gehirn. Dadurch entsteht der Sehsinn, unser wichtigster Sinn. Ein großer Teil des Gehirns dient der Verarbeitung von Sehinformationen.

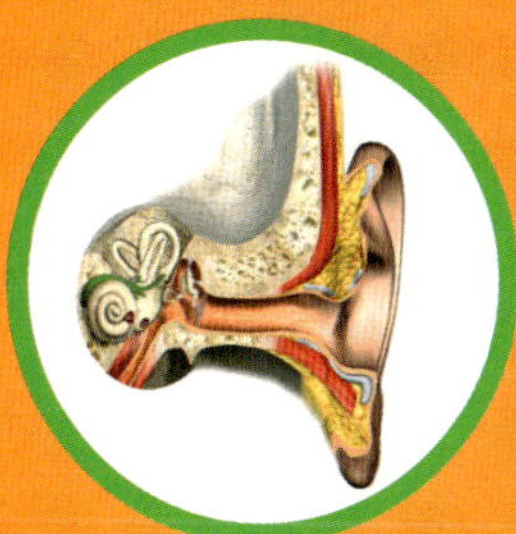

Hören

Unsere Ohren empfangen Luftschwingungen (Schall). Schallwellen gelangen ins Ohr und werden im Gehörgang über das Trommelfell und Knöchelchen weitergeleitet. Das aktiviert die Nervenzellen im Innenohr, die Signale ans Gehirn senden.

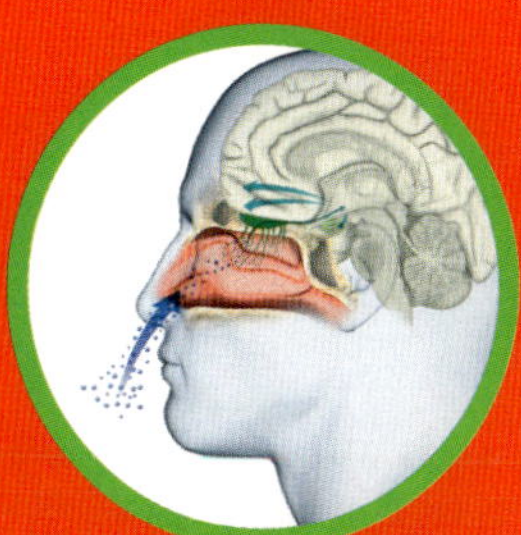

Riechen

Durch den Geruchssinn können wir Duftmoleküle wahrnehmen. Das Naseninnere und Teile dahinter sind mit Sinneszellen (Rezeptoren) ausgestattet, die 4000 bis 10 000 verschiedene Gerüche aufspüren können. Das Gehirn kombiniert die Signale und sagt uns, was wir riechen.

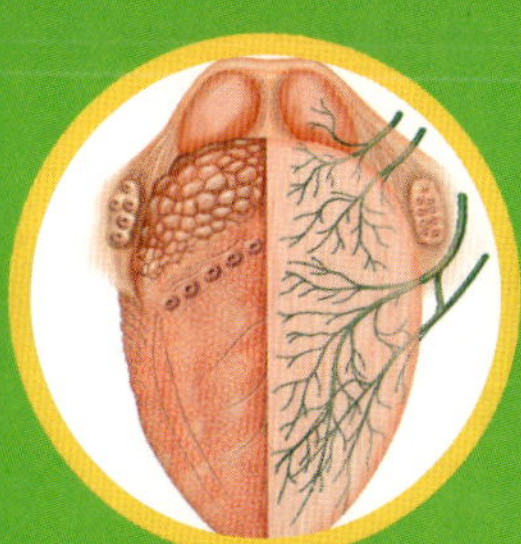

Schmecken

Die Zunge kann nur fünf Geschmacksrichtungen wahrnehmen: süß, sauer, salzig, bitter und herzhaft (umami). In Kombination mit Gerüchen kann das Gehirn zwischen Kirschen, Käse und Toast unterscheiden.

Fühlen

Die Haut ist voller Rezeptoren, die auf Berührungen wie leichten und starken Druck, Streicheln und Schwingungen reagieren. Unser Tastsinn ist so gut, dass wir Objekte durch Befühlen mit geschlossenen Augen erkennen können.

WEITERE SINNE

Neben den fünf Hauptsinnen haben wir einige andere Sinne, die für unsere Körperfunktionen und Interaktionen mit der Umwelt wichtig sind. Viele davon sind am Werk, ohne dass wir uns dessen bewusst sind.

Die SCHWERKRAFT wirkt auf Rezeptoren im Ohr, die winzigen Otolithen. Sie melden dem Gehirn, wo oben und unten ist, und halten uns im Gleichgewicht.

Auch BEWEGUNG wird von Rezeptoren im Ohr wahrgenommen. Dreht man sich schnell im Kreis, versagen sie, sodass einem schwindlig wird.

Die STELLUNG der Muskeln und Gelenke wird von Dehnungsrezeptoren wahrgenommen. Sie melden dem Gehirn Position und Bewegung der Körperteile.

WÄRMEREZEPTOREN reagieren auf Temperaturanstieg, egal ob er durch Sonnenstrahlen, heißen Kaffee oder Fieber hervorgerufen wird.

KÄLTEREZEPTOREN reagieren auf Kälte und sorgen für Gänsehaut, da sich die Härchen der Haut aufstellen, um uns warm zu halten.

Der SCHMERZ ist ein Sinn, der uns vor etwas warnt, das uns krank macht oder verletzt. Der Juckreiz ist mit dem Schmerz verwandt.

Einen RICHTUNGSSINN haben Menschen vermutlich nicht, aber viele Tiere, denn sie können sich am Magnetfeld der Erde orientieren.

DRINGENDE BEDÜRFNISSE, wie den Gang zur Toilette, melden uns Dehnungsrezeptoren in Blase und Darm, die anzeigen, dass diese Organe voll sind.

Sehen

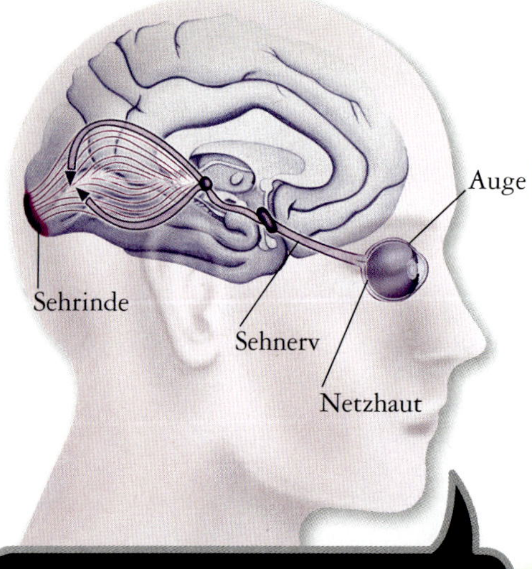

Die lichtempfindliche Netzhaut im Auge ist über den Sehnerv mit dem hinteren Teil des Gehirns verbunden.

Der Sehsinn liefert dem Gehirn den Großteil der Informationen über die Außenwelt. Die **AUGEN** sind Verlängerungen des Gehirns, kleine Periskope, die aus Löchern im Schädel herausragen. An der Rückwand jedes Auges bilden 125 Millionen lichtempfindliche Neurone eine **NETZHAUT.**

LEBENDE KAMERAS

Ein Auge funktioniert etwa wie eine Kamera. Doch die Linse besteht nicht aus Glas, sondern einer gallertähnlichen Masse. Sie bündelt einfallende Lichtstrahlen, bildet sie auf einem lichtempfindlichen Film (der Netzhaut) ab und erzeugt ein umgekehrtes Bild. Bei einer Kamera stellt man das Bild scharf, indem man am Objektiv dreht, das Auge nutzt dafür Muskeln.

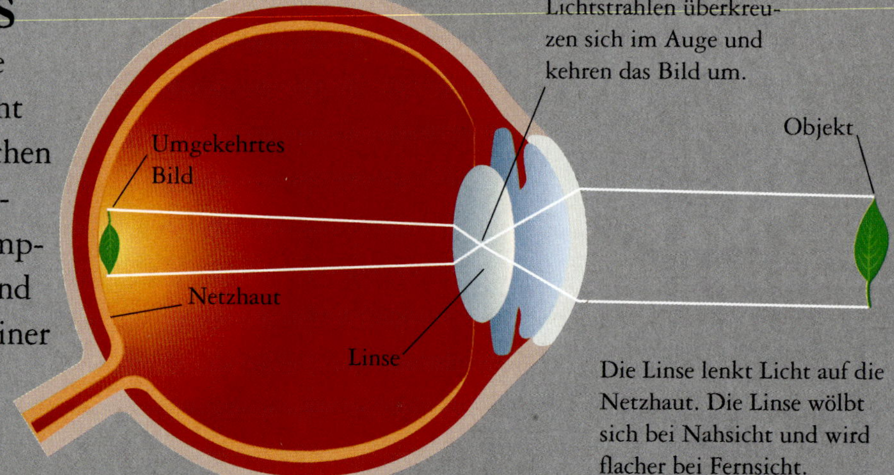

Die Linse lenkt Licht auf die Netzhaut. Die Linse wölbt sich bei Nahsicht und wird flacher bei Fernsicht.

Schau *dir* in die Augen!

Mit diesem Trick kannst du deine Netzhaut sehen. Dazu brauchst du eine Taschenlampe mit freiliegender Glühlampe und ein Blatt schwarzes Papier. Halte es in einem dunklen Raum so, dass es dein Gesichtsfeld einnimmt, und die Taschenlampe vorsichtig 1 cm unter die Augen. Starre auf das Blatt. Eine baumartige Form entsteht: der Schatten der Blutgefäße von deiner Netzhaut.

Stäbchen und Zapfen

Es gibt zwei Arten von Lichtsinneszellen (Fotorezeptoren) auf der Netzhaut: Stäbchen und Zapfen. Sie haben unterschiedliche Stärken und Schwächen. Zapfen können Farben und Details erkennen, brauchen dafür aber viel Licht. Stäbchen brauchen kaum Licht, nehmen aber nur Schwarz und Weiß und weniger Details wahr. Im Dunkeln sehen nur die Stäbchen, daher sind nachts alle Katzen grau. Sobald man das Licht einschaltet, schalten sich auch die Zapfen ein und füllen das Bild im Kopf mit Farben und Details.

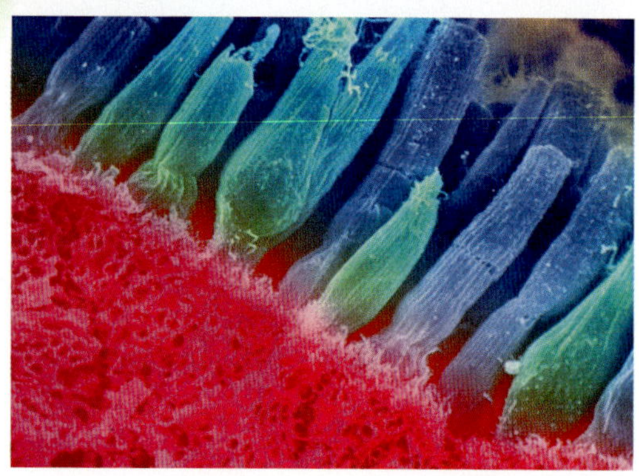

Die Netzhaut enthält rund 20-mal mehr Stäbchen (künstlich blau gefärbt) als Zapfen (blaugrün).

Der Fokus des Auges

Schaut man etwas direkt an (foveales Sehen), z. B. ein Wort in diesem Text, sieht man es schärfer als die anderen Dinge im Gesichtsfeld (peripheres Sehen). Das liegt daran, dass man Objekte in der Mitte des Gesichtsfelds mit einem bestimmten Teil der Netzhaut – der Fovea – sieht. Die Fovea hat viele Zapfen und nur wenige Stäbchen. Daher kann sie Farben und Details besser erkennen als die anderen Teile des Auges.

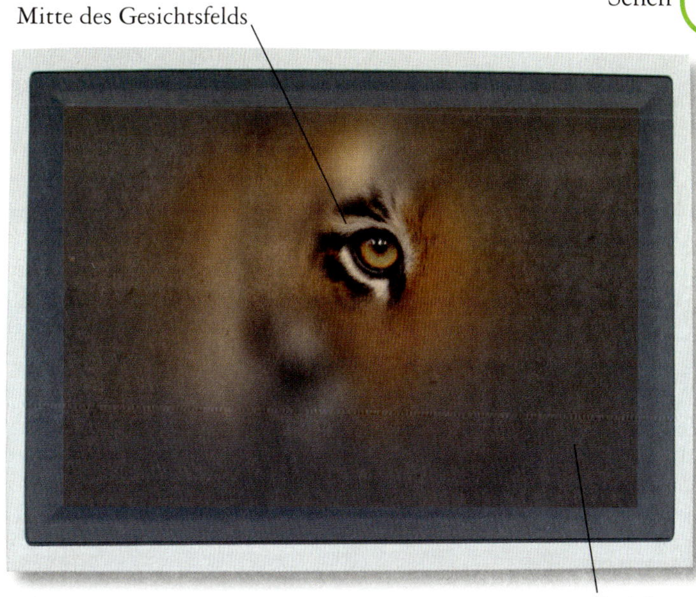

Die Fovea erkennt im Dunkeln nicht viel. Will man nachts blasse Sterne sehen, muss man leicht den Blick abwenden, denn im Randbereich der Netzhaut sind mehr Stäbchen.

FARBEN *am Rand*

Beim peripheren Sehen erkennt man Farben schlecht. Schau geradeaus und bitte einen Freund, langsam einen Buntstift so weit in den Randbereich deines Gesichtsfelds zu bewegen, bis du den Stift sehen kannst. Welche Farbe hat er? Zuerst erscheint er schwarz. Bewegt man ihn weiter ins Gesichtsfeld, kannst du die Farbe sehen.

DIE SEHBAHN

Das ins Auge einfallende Licht wird in elektrische Signale umgewandelt, die ins Gehirn übertragen und in der Sehrinde verarbeitet werden. Die Stäbchen und Zapfen, die Licht aus dem linken Teil des Gesichtsfelds empfangen, sind mit der rechten Hirnhälfte verknüpft und umgekehrt. Menschen mit einer halbseitigen Gehirnschädigung erfassen manchmal nicht das ganze Gesichtsfeld – und leeren beim Essen nur eine Seite des Tellers, weil sie die andere nicht sehen können.

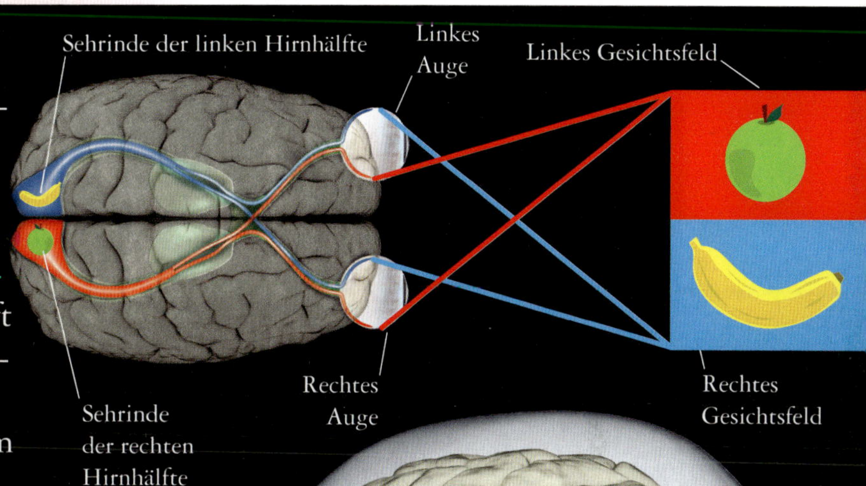

AUGEN AM HINTERKOPF

Im Zweiten Weltkrieg fand der britische Arzt Henry Head heraus, dass Soldaten, die durch Granatsplitter am Hinterhirn verletzt wurden, seltsame blinde Flecken im Gesichtsfeld aufwiesen. Henry Head hatte die Sehrinde entdeckt – den Teil des Gehirns, der Bilder verarbeitet. Während die Signale von den Augen an die Sehrinde gelangen, entschlüsseln ihre Teile unterschiedliche Informationen wie Kanten, Farben, Bewegungen, Winkel und einfache Formen. Das Bild wird schrittweise in Einzelhinweise zerlegt und an andere Hirnregionen weitergeleitet, damit das Objekt erkannt werden kann.

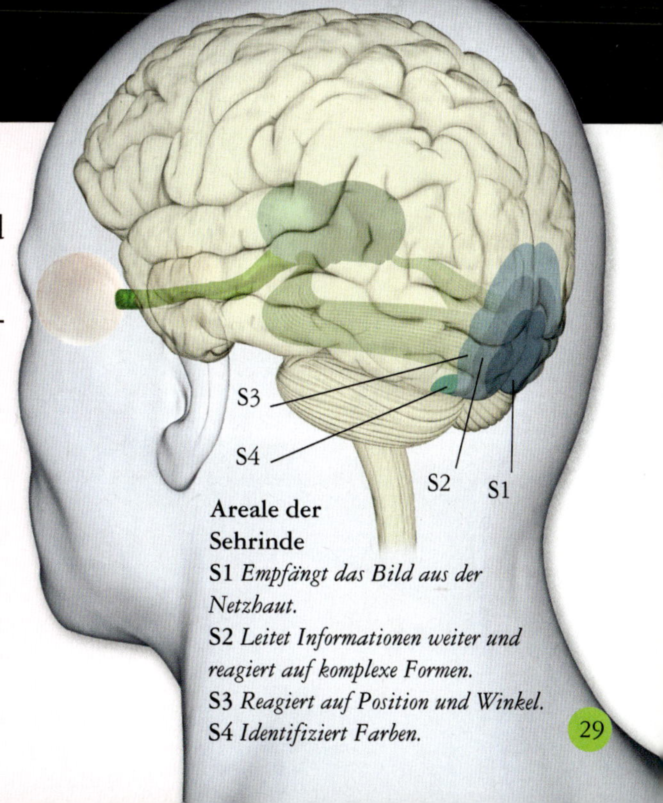

Areale der Sehrinde
S1 *Empfängt das Bild aus der Netzhaut.*
S2 *Leitet Informationen weiter und reagiert auf komplexe Formen.*
S3 *Reagiert auf Position und Winkel.*
S4 *Identifiziert Farben.*

WAHRNEHMUNG

Das Bild der Welt vor unserem geistigen Auge ist keine Momentaufnahme wie eine Fotografie. Das Gehirn verarbeitet die vom Auge eingefangenen komplexen Licht- und Schattenmuster, um dem Bild eine Bedeutung zu geben. Zur Wahrnehmung gehört nicht nur Sehen, sondern auch **GEDÄCHTNIS, ERLEBEN, ERWARTUNG** und **VORSTELLUNG.**

Was ist *das*...?

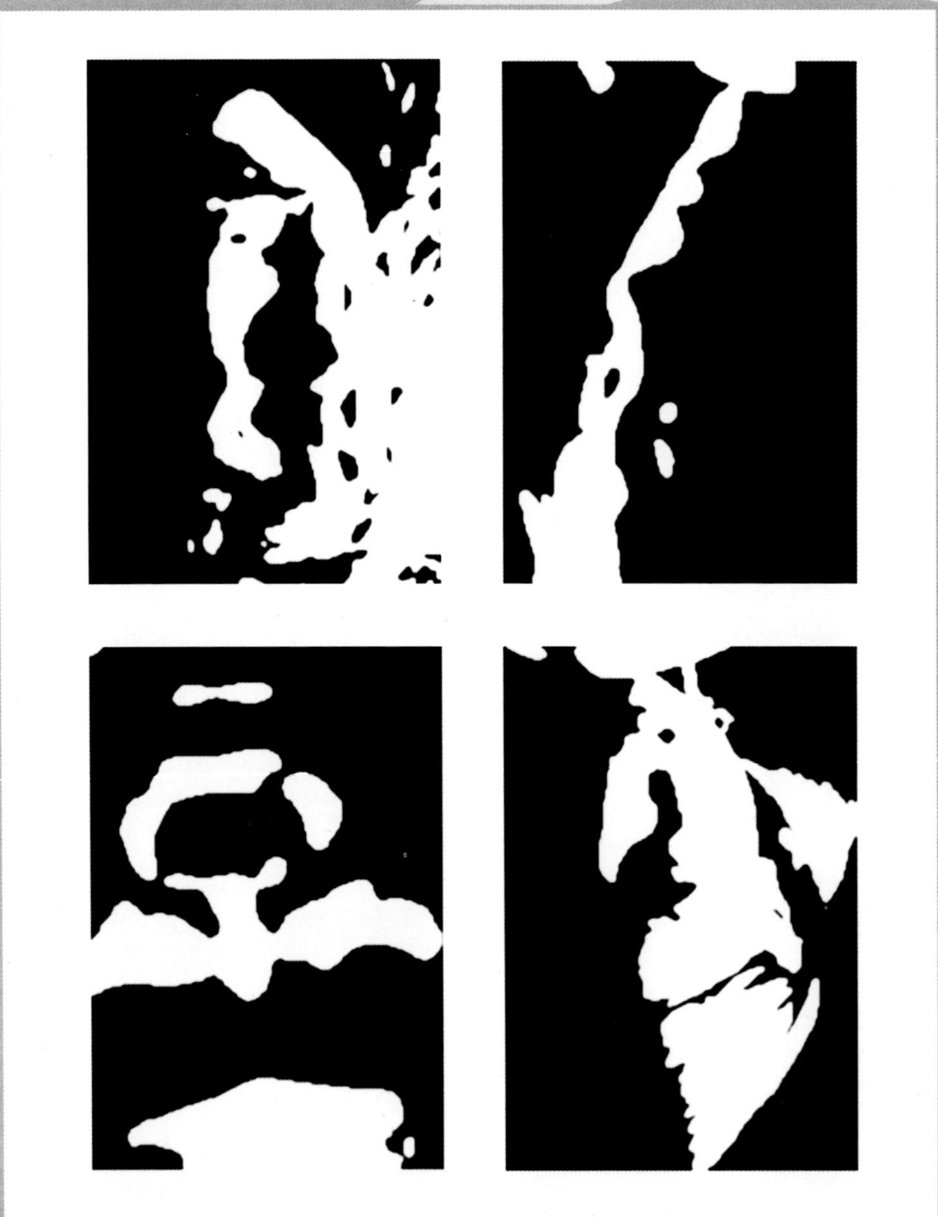

Wenn du es nicht weißt, stell das Buch auf den Kopf. Man kann seitenverkehrte Bilder zwar *sehen*, aber erst *erkennen*, wenn sie aufrecht stehen. Unser Gehirn kann ein Gesicht – wenn es aufrecht steht – am kleinsten Detail erkennen. Aus den wenigen weißen Strichen auf den Bildern können wir Geschlecht, Alter und Stimmung der Personen ableiten. Diese Fähigkeit ist in einem Teil des Schläfenlappens, dem fusiformen Gesichtsareal (FFA), verankert. Er empfängt Signale von der Sehrinde, mit denen wir Menschen und deren Stimmung schnell einordnen können. Eine Schädigung des FFA führt zu einer seltenen, als Prosopagnosie bezeichneten Störung, bei dem man nicht einmal die eigene Familie erkennt.

Das Gesicht eines Menschen?

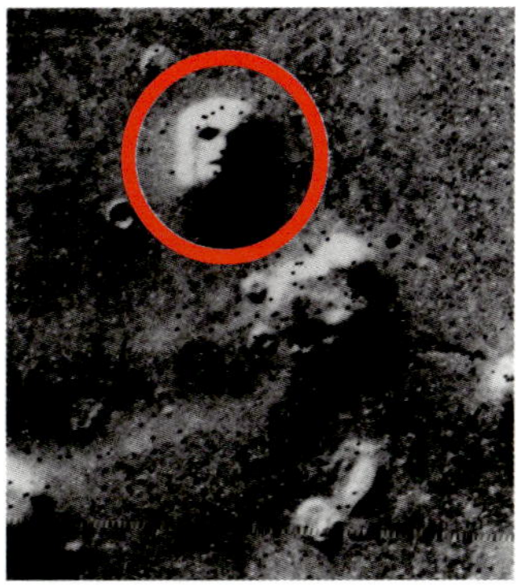

... Des Rätsels Lösung

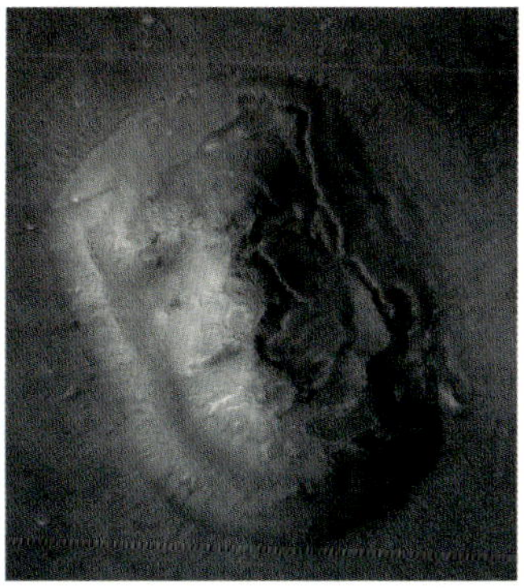

Marsgesicht

Wir können Gesichter so gut erkennen, dass wir auch dort eins sehen, wo gar keins ist. 1976 machte die Raumsonde *Viking* auf dem Mars ein Foto von einer scheinbar riesigen Skulptur mit einem Gesicht. Das führte zu abwegigen Theorien über Besucher anderer Planeten oder alte Marszivilisationen. 22 Jahre später sendete die Marssonde ein neues Bild des „Gesichts" und man sah, dass es nur ein Lichtspiel war.

Mona Lisa, Leonardo da Vinci

Das Geheimnis der *Mona Lisa*?

Lächelt die *Mona Lisa?* Das fragt man sich schon lange, aber eine Forscherin glaubt, das Rätsel gelöst zu haben. Professor Margaret Livingstone von der Harvard University sagt, man sieht das Lächeln nur, wenn man den Blick vom Gesicht abwendet. Durch das periphere Sehen nehmen wir Schatten und Muster wahr, die wie ein Lächeln wirken. Wenn wir den Mund der *Mona Lisa* direkt ansehen, benutzen wir dazu die Fovea. Sie sieht schärfer und erkennt Details wie die geraden Lippen, die die *Mona Lisa* ernst erscheinen lassen.

SCHAU dir das Gemälde einer Sommerlandschaft an. Bevor du weiterliest, denk dir ein paar Adjektive aus, die es beschreiben.

Krähen über Weizenfeld, Vincent van Gogh (1890)

Vielleicht hast du an Wörter wie sonnig, ruhig oder natürlich gedacht. Van Gogh malte die Szene, kurz bevor er sich aufgrund einer Depression das Leben nahm. Schau noch einmal hin. Erscheint das Bild nun trostlos, düster oder beunruhigend? Was wir sehen, hängt von unseren Erwartungen ab. Kennen wir van Goghs Verzweiflung, als er das Feld malte, bekommt das Bild eine emotionale Bedeutung und wir konzentrieren uns auf die dunkleren Elemente: den stürmischen Himmel, die fliehenden schwarzen Krähen und das verlassene Feld.

STOPP! Wo schaust du eigent

Der unerwartete Besucher, Ilja Repin (1884)

SEHEN, OHNE ZU SEHEN

Das Gehirn kann in Sekundenschnelle ein Bild aus den Augen verarbeiten und uns bewusst machen, was wir sehen. Aber das ist manchmal zu langsam. Was, wenn ein Stein auf uns zufliegt oder uns eine Schlange im Gras attackiert? Da schnelle Reaktionen bei Gefahr lebenswichtig sind, verlässt sich das Gehirn auf eine Abkürzung („Low Road"). Dadurch reagiert unser Körper reflexartig, noch ehe wir verstehen, was wir sehen. Auf dem Weg in die Sehrinde, die bewusstes Sehen entstehen lässt, passieren die Signale der Netzhaut erst den Thalamus. Der erkennt Gefahren wie schlangenartige Objekte und sendet sofort ein Signal an den Mandelkern (Amygdala). Das löst eine Kampf- oder Fluchtreaktion aus.

lich wirklich hin?

Durch die Aufzeichnung der Augenbewegung einer Person, die sich ein Bild wie das Gemälde links ansieht, fanden Forscher heraus, wie das Gehirn eine Szene erfasst. Wir erkennen sie nicht auf einen Blick. Stattdessen schnellen die Augen instinktiv hin und her und sammeln Informationen, während die Fovea (der hochauflösende Teil der Netzhaut) kurz auf jedem Detail verweilt. Das Gehirn lenkt die Augen zu den Stellen, die es für wichtig hält – v. a. Gesichter –, und vernachlässigt den Rest. Warum Gesichter? Für Menschen sind Gesichter eine essenzielle Informationsquelle über Mitmenschen, ihre Beziehungen und Absichten.

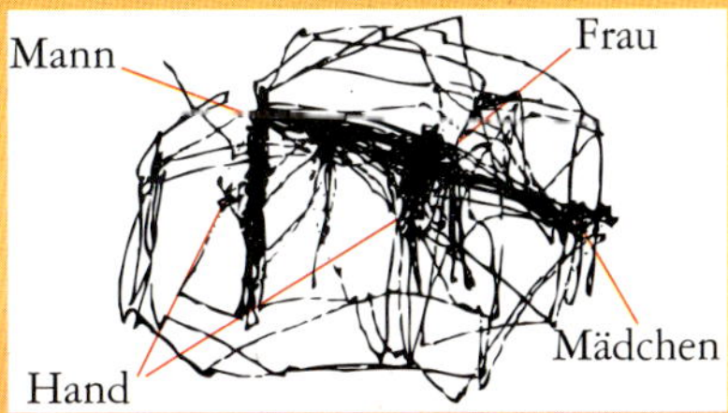

Oben: Studien zur Blickerfassung machen deutlich, welche Teile des Gemäldes der Betrachter in den ersten Sekunden sieht.

Unten: Neben Gesichtern konzentrieren wir uns auf die Blickrichtung einer Person, um herauszufinden, was sie anschaut (und vielleicht denkt).

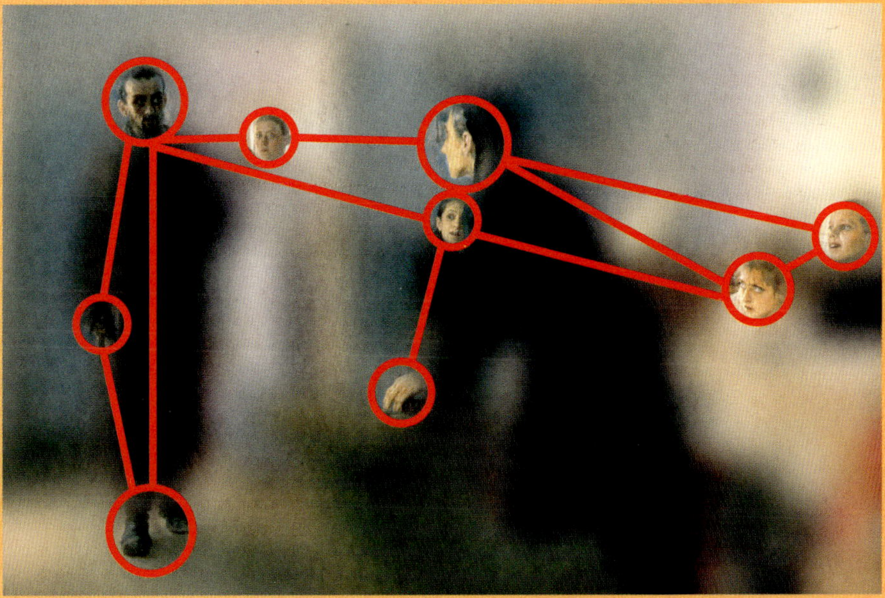

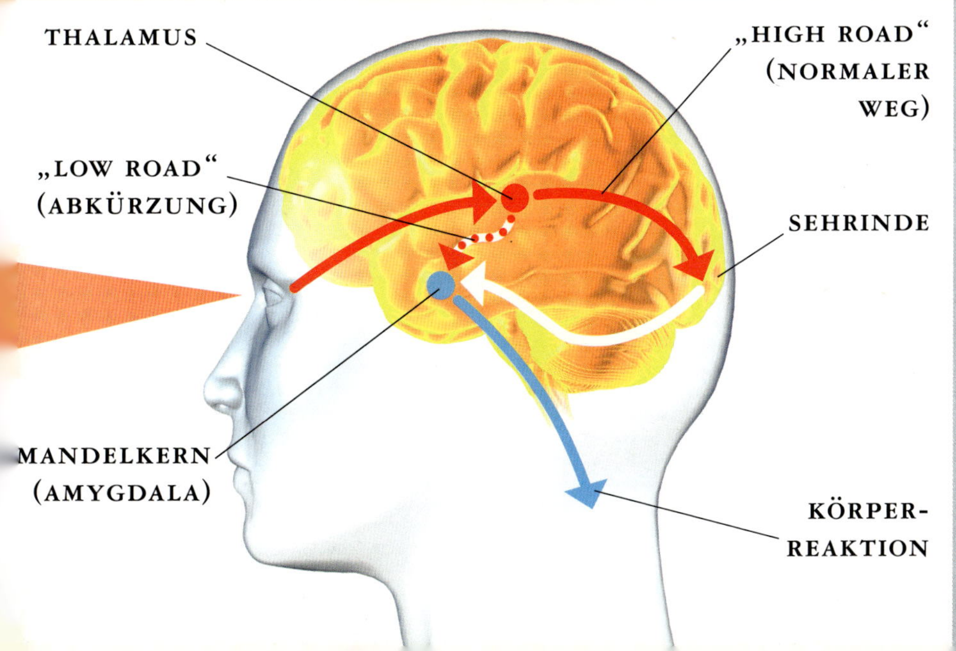

AUSSER SICHT

Vorsicht, Lücke!

Man ist etwa 90 Minuten am Tag trotz geöffneter Augen blind. Wenn die Augen hin und her schnellen (Sakkade), ignoriert das Gehirn kurz die Signale von der Netzhaut, sonst würde man verschwommen sehen. Das merkt man nicht, weil das Gehirn die Lücke auffüllt. Man kann die Blindheit nachweisen: Schaut man im Spiegel erst aufs linke, dann aufs rechte Auge, sieht man die Zwischenbewegung von links nach rechts nicht.

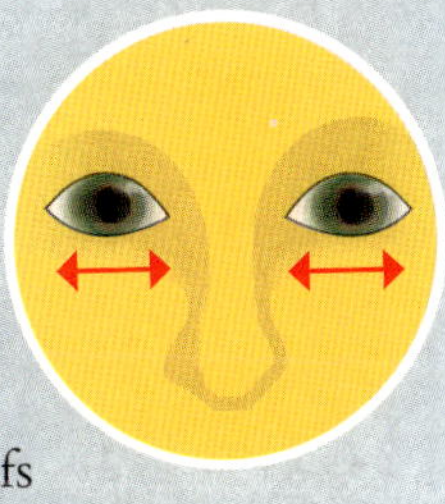

Die Zeit anhalten

Hast du schon einmal auf eine Uhr geschaut und geglaubt, der Sekundenzeiger hätte sich erst nach mehr als einer Sekunde weiterbewegt? Das nennt man „Chronostasis“. Es entsteht, weil das Gehirn die durch die Sakkaden des Auges entstandene Lücke auffüllt, indem es das Bild der Uhr „zurückdatiert“. Daher scheint eine Sekunde länger als eine Sekunde zu sein.

Immer in Bewegung

Das Auge vollführt neben Sakkaden auch 1- bis 3-mal pro Sekunde winzige Schwingungen. Diese sogenannten Mikrosakkaden sind wichtig, weil die Netzhaut nur auf Licht*veränderungen* reagiert. Starrt man etwas intensiv an, nehmen die Mikrosakkaden ab und das Netzhautbild verblasst. Auch die Blutgefäße auf der Netzhaut sehen wir nicht, weil sie sich mit dem Augapfel bewegen.

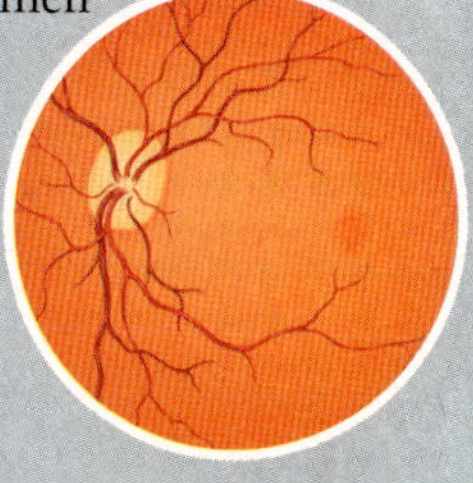

Blutgefäße auf der Netzhaut

SEHEN IN 3-D

Um einen Ball zu fangen, über einen Zaun zu springen oder Kaffee einzuschenken, brauchen wir ***RÄUMLICHES SEHEN***. Es hilft uns, Tiefe und Entfernung einzuschätzen, und sagt dem Gehirn, wie weit man sich bewegen muss, um etwas zu ergreifen oder jemandem auszuweichen.

DOPPELT SEHEN

Halte dir den Finger vor das Gesicht und schließe abwechselnd das rechte und linke Auge. Der Finger scheint sich zu bewegen! Da wir zwei Augen haben, sehen wir die Welt aus zwei verschiedenen Winkeln. Je näher ein Objekt ist, umso unterschiedlicher erscheint es dem rechten und linken Auge. Durch den Unterschied kann das Gehirn ein Objekt orten und für Räumlichkeit sorgen. Auch 3-D-Filme funktionieren so: Jede Szene wird von zwei Kameras im Augenabstand gefilmt. Durch 3-D-Brillen sieht jedes Auge nur das Bild, das für dieses Auge bestimmt ist.

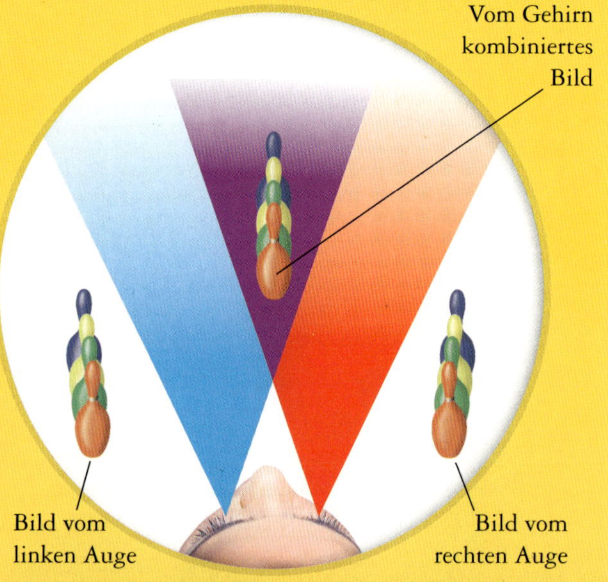

Ein großer Schritt für die Menschheit!

Man kann auch ohne 3-D-Brillen räumlich sehen: Mit diesem Stereobild kannst du durch Kreuzblick (der ein wenig Übung erfordert) die Mondlandung dreidimensional sehen. Halte das Bildpaar auf Armeslänge vor das Gesicht. Starre auf die Mitte und schiele, bis du drei Bilder siehst. Zuerst sind sie verschwommen. Konzentriere dich auf das mittlere Bild. Es wird langsam schärfer und am Schluss siehst du die Szene ganz deutlich in 3-D.

Versteckte Bilder

Autostereogramme enthalten versteckte 3-D-Bilder. Halte das Bild nah ans Gesicht, entspanne die Augen und schau durch das Bild hindurch, sodass es verschwimmt. Da deine Augen ihren Fokus ändern, wandern die wiederkehrenden Punktmuster hin und her. Mit etwas Geduld überlagern sich die Muster. Nun glaubt das Gehirn, dass das Bild scharf ist. Wenn das eintritt, wird das versteckte Objekt langsam sichtbar.

3-D-TRICKS

Nicht nur durch stereoskopisches Sehen erschließt sich das Gehirn Räumlichkeit. Es gibt viele andere Mittel. Künstler nutzen sie, um einem Bild Tiefe zu verleihen oder dem Gehirn Unmögliches vorzugaukeln.

1. Parallele, aufeinander zulaufende Linien hält das Gehirn für in die Ferne führende Linien (Fluchtlinien).
2. Schatten zeigen die Form dreidimensionaler Objekte.
3. Details verschwimmen in der Ferne – aus Blättern wird ein grüner Fleck.
4. Steht ein Objekt hinter einem anderen, muss es weiter weg sein.
5. Bei Objekten gleicher Größe (wie Menschen) muss das kleinste am weitesten entfernt sein.

Eine Speikobra schwingt den Kopf hin und her, um die Beute zu orten.

Bewegung

Auch mit einem Auge kann man räumlich sehen, wenn man den Kopf hin und her bewegt. Nahe Objekte scheinen sich zu bewegen, entfernte Objekte stillzustehen.

Am Monitor wird durch Nebel Ferne erzeugt.

Nebel in der Ferne

Draußen erscheinen entfernte Objekte wie Hügel diesig, bläulich und farbloser als nahe Objekte. Das liegt daran, dass der Staub in der Luft viel Licht herausfiltert.

Schärfe neben Unschärfe bewirkt einen 3-D-Effekt.

Tiefenschärfe

Konzentriert man sich auf nahe Objekte, verschwimmen die Dinge im Hintergrund. Fotografen rufen diesen Effekt technisch hervor, um den Blick auf den Vordergrund zu lenken.

Eiszeit

Es sieht aus wie eine Gletscherspalte, aus der Eis in die Tiefe stürzt. Aber dieses Trugbild ist eine Kreidezeichnung auf dem Gehweg. Der Künstler schuf durch Schatten, Fluchtlinien und andere Perspektivetricks ein Bild, das dem Gehirn eine Dreidimensionalität vorgaukelt, obwohl es gar keine gibt.

Edgar Müller schuf diese verblüffende Straßenmalerei in 3-D.

Optische Täuschungen

Das Gehirn entschlüsselt die aus den Augen empfangenen Signale, indem es daraus Informationen ableitet und diese aufgrund von Erfahrungsregeln *richtig interpretiert*. Welche das sind, zeigen **TRUGBILDER,** denn sie brechen die Regeln und lassen uns unmögliche oder unsinnige Bilder sehen.

Was ist größer?

Kaum zu glauben – die gelben Linien links sind ebenso wie die Tiger rechts gleich groß. Warum scheint das nicht so? Gerade, aufeinander zulaufende Linien bewegen sich gewöhnlich von uns weg. Mit dieser Erfahrungsregel nimmt unser Gehirn Entfernungen wahr. Wir sehen den dritten Tiger als am weitesten entfernt, daher erscheint er uns größer.

Was ist dunkler?

Sieht Quadrat A dunkler als B aus? Wie das kleine Bild zeigt, sind sie gleich. Der Irrtum basiert auf der Erfahrungsregel, dass Objekte im Schatten weniger Licht reflektieren. Das Gehirn gleicht das aus, indem es uns weismacht, dass B heller als in Wirklichkeit ist. Deshalb sieht ein Schneeball für uns immer weiß aus – auch wenn wir ihn mit nach drinnen nehmen und er grau wird.

Erfahrungen, die unser Gehirn nutzt:
1. Objekte im Schatten reflektieren weniger Licht.
2. Schatten haben weiche Kanten.

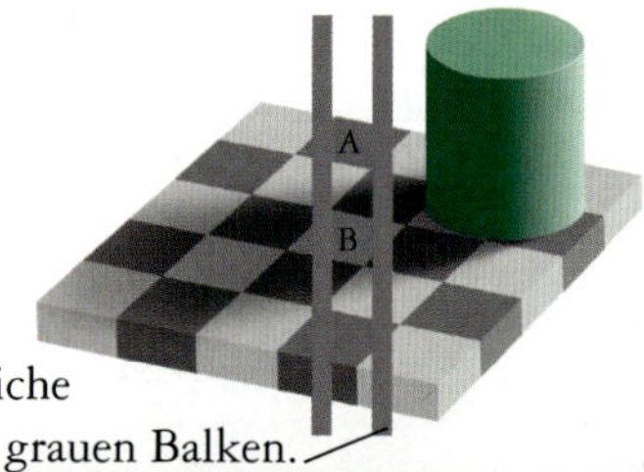

A und B haben die gleiche Farbe wie die grauen Balken.

Krumm oder gerade? Die waagerechten Linien sind schnurgerade, erscheinen aber krumm. Das Trugbild entsteht durch einen Fehler der Neurone der Sehrinde bei der Verarbeitung von Hell-dunkel-Mustern. Aus komplizierten Gründen nehmen wir die grauen Linien zwischen den Rechtecken beim peripheren Sehen als krumm war. So wirkt das ganze Muster verzerrt.

Welche Linie ist länger?

Keine, sie sind gleich lang. Dieses bekannte Trugbild lässt sich am besten damit erklären, dass die Pfeile die räumliche Wahrnehmung des Gehirns stimulieren. Die obere Linie wirkt wie eine nahe gelegene Kante, die untere wie eine weiter entfernte, die uns daher länger erscheint. Im Bild rechts sind die roten Linien auf Wände übertragen. Dadurch wird der 3-D-Effekt noch deutlicher.

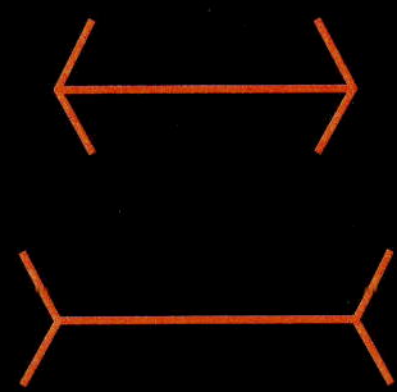

WELCHER TURM IST SCHIEFER?

Ist einer der Türme schiefer als der andere? Nein, die Fotos sind identisch. Warum empfinden wir es nicht so? In der Realität würden uns zwei parallele Türme – wenn wir von unten hochschauen – als aufeinander zulaufend erscheinen, so wie parallele Schienen in der Ferne auf einen Punkt zulaufen. Diese beiden Türme laufen nicht aufeinander zu, sondern bleiben parallel. Daher nimmt unser Gehirn an, dass sie auseinanderstreben, und ein Turm wirkt schiefer als der andere.

Erfahrungen, die unser Gehirn nutzt:

1. Parallele Linien scheinen auf einen gemeinsamen Punkt in der Ferne zuzulaufen.
2. Linien, die in die Ferne laufen, aber auf der Netzhaut parallel sind, müssen auseinanderstreben.

Sieht man lange genug auf das linke Bild, verändert es sich plötzlich. Die Würfel kehren sich um und die nach außen gerichteten Kanten zeigen plötzlich nach innen. Dieses Trugbild entsteht dadurch, dass das Gehirn das Bild auf zwei Arten dreidimensional interpretieren kann. Da beide Varianten im Gehirn nicht parallel existieren können, nehmen wir sie abwechselnd wahr.

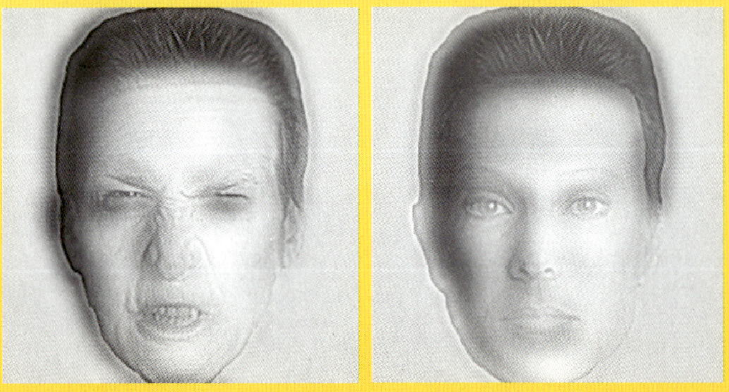

Wer ist wütender? Stell dich 3 m vom Buch weg und schau noch einmal. Aus Herrn Zornig wird Herr Freundlich und umgekehrt! Jedes Bild ist eine Kreuzung aus einem detaillierten und einem schemenhaften Gesicht. Die Augen erkennen feine Details nur aus der Nähe. Das schemenhafte Gesicht erscheint erst, wenn Details nicht mehr erkennbar sind.

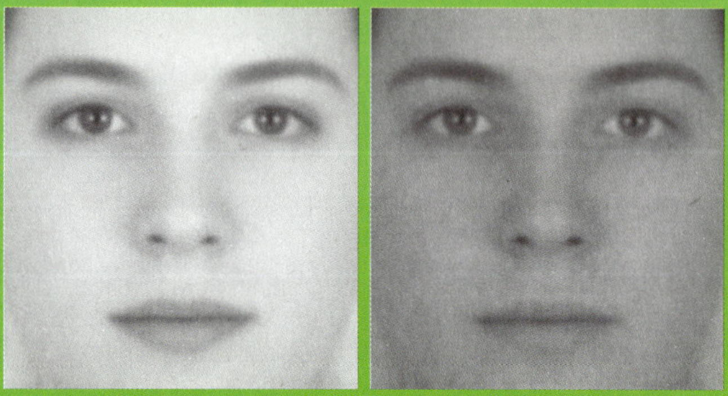

Mann oder Frau? Wir nehmen das rechte Gesicht als männlich, das linke als weiblich wahr. Beide Fotos zeigen denselben Mann. Links wurde der Kontrast zwischen Augen, Mund und Haut verstärkt, sodass Mund und Augen dunkler werden. Da der gleiche Kontrast durch Make-up entsteht, halten wir das linke für ein Frauengesicht.

Bewegen sich die blauen Punkte, während du das liest?

Die blauen Punkte bewegen sich scheinbar im Augenwinkel, stehen aber still, wenn man sie direkt anschaut. Dieser Effekt entsteht nur beim peripheren Sehen (dem Randbereich des Gesichtsfelds) und nur, wenn die Augen sich bewegen. Er wird durch das wiederkehrende Hell-dunkel-Muster hervorgerufen. Helle Stellen werden vom Sehzentrum im Gehirn etwas schneller verarbeitet. Daher werden die hellen Stellen, wenn die Augen das Bild abtasten, als „zuerst dagewesen" wahrgenommen. Zudem erschwert das wiederkehrende Muster es dem Gehirn, das Bild stabil zu halten und die eingebildete Bewegung zu unterbinden.

Finde den Unterschied

zwischen dieser *Mona Lisa* und der auf Seite 31, ohne das Buch umzudrehen. Jetzt dreh es um. Überrascht? Das Gehirn kann nur aufrechtstehende Gesichter richtig erkennen, aber nicht auf dem Kopf stehende. Daher sehen wir die Fehler in diesem Bild nicht. Und weil die für die Erkennung von Augen und Mund zuständigen Teile des Gehirns funktionieren, nehmen wir diese Teile des Gesichts als normal wahr. Dass dieses Bild merkwürdig verändert ist, sehen wir erst, wenn wir das Buch umdrehen.

Doppelt sehen?

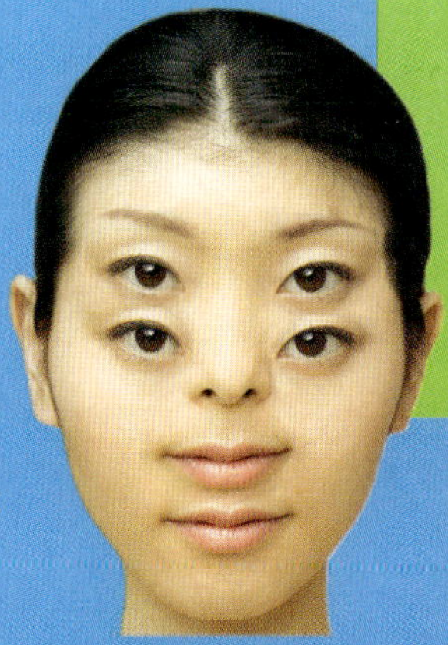

Dieses Trugbild verwirrt uns. Wenn wir ein Gesicht sehen, analysiert das Gehirn das Dreieck aus Augen und Mund. Hier gerät die Gesichtserkennung durcheinander, weil zwei Dreiecke miteinander konkurrieren. Während das Gehirn das Bild zu erfassen versucht, springt unser Fokus zwischen beiden hin und her. Daher wird uns schwindlig.

SIND DIE MENSCHEN UNTEN ECHT ODER MODELLFIGUREN?

Nein, das ist kein Modell, sondern ein echter Bahnhof voller echter Menschen. Warum wirken sie so klein? Der Fotograf hat eine besondere Linse benutzt, die nur Objekte in einer begrenzten Entfernung scharf und alles andere verschwommen darstellt. Das nennt man eine „geringe Tiefenschärfe“. Wir erleben sie sonst nur, wenn wir kleine Objekte aus der Nähe betrachten. (Wenn du einen Finger vor die Augen hältst, verschwimmt der Hintergrund.) Da eine geringe Tiefenschärfe für das Gehirn ein Anzeichen für sehr kleine Objekte ist, nehmen wir die Menschen als Modellfiguren wahr.

Den Körper *täuschen*

KÖRPERSINN

Der erstaunliche Sinn, durch den wir den eigenen Körper und dessen Bewegungen wahrnehmen, heißt **Propriozeption**. Besondere Rezeptoren im Körper melden dem Gehirn die Aktionen jedes Körperteils, ohne dass wir darüber nachdenken müssen.

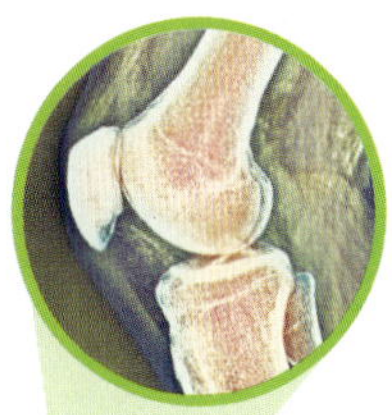

Gelenke

Rezeptoren in den Gelenken melden dem Gehirn die exakte Lage der Knochen. So weiß das Gehirn, welche Bewegungen gefahrlos sind. Ignoriert man die Rezeptoren, kann man sich wehtun!

Muskeln

Bei Bewegung dehnen sich Muskeln und ziehen sich zusammen. Dadurch werden ihre Dehnungsrezeptoren aktiviert und senden Signale ans Gehirn.

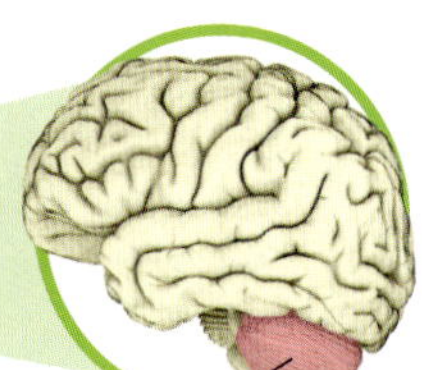

Das Innenohr

Durch Schwerkraftrezeptoren im Innenohr wissen wir, wo oben und unten ist. Rezeptoren in drei mit Flüssigkeit gefüllten Bogengängen spüren Bewegungen in jede Richtung auf.

Kleinhirn

Das Kleinhirn ist wie ein Orchesterdirigent. Es speichert gelernte Bewegungsabläufe. Durch Abstimmung mit Informationen aus anderen Hirnregionen sorgt es für fließende Körperbewegungen.

Gleichgewicht

Um uns im Gleichgewicht zu halten, muss das Gehirn die Signale von Augen und Ohren sowie die körpereigenen Signale der Muskeln koordinieren.

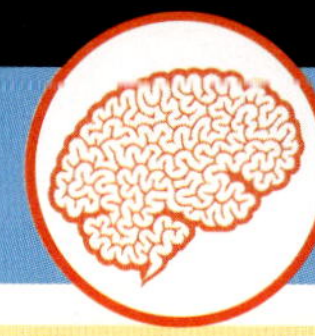

LASS DEINE

Hand-Auge-Koordination

1 Meist führen wir die Hand mit den Augen. Doch das gelingt auch fast durch Propriozeption. Zeichne ein Quadrat mit geschlossenen Augen. Solange du mit dem Stift auf dem Papier bleibst, ist es leicht, denn so kann sich dein Gehirn auf die Rückmeldung aus den Hand- und Armmuskeln verlassen.

2 Nun zeichne ein Haus mit geschlossenen Augen. Sobald du die Hand vom Papier nimmst, um Details einzuzeichnen, weißt du nicht mehr genau, wo du sie positionieren musst. Ohne Rückmeldung aus den Augen ist es schwer, die Hand an die richtige Stelle zu legen.

3 Zeichne jetzt das Haus vor einem Spiegel. (Nicht schummeln – schau die ganze Zeit in den Spiegel!) Das ist erstaunlich schwer, denn nun *widersprechen* sich die Signale von den Augen mit denen von der Hand. So weiß das Gehirn nicht, was es machen soll. Das Erfolgsrezept? Schließe die Augen – dann gelingt es viel besser!

Die äußeren Sinne, **TASTEN** und **SEHEN,** arbeiten mit dem inneren Körpersinn zusammen. Daher weiß das Gehirn, wo sich ein Körperteil befindet und wie er sich bewegt. Diese Tricks zeigen dir nicht nur, wie dein innerer Körpersinn funktioniert, sondern auch, wie du ihn ***überlisten*** kannst!

FREUNDE STAUNEN MIT DIESEN KNIFFLIGEN TRICKS!

Fass dich an die Nase

Das ist eine der ältesten bekannten, von Aristoteles beschriebenen Sinnestäuschungen. Fass dir mit überkreuzten Fingern an die Nase. Fühlt es sich so an, als ob du zwei Nasen hättest? Versuche das Gleiche mit einer Murmel oder Erbse.

Das Gehirn erhält Signale von beiden Fingerspitzen. Weil die sich normalerweise nicht berühren, schließt das Gehirn, dass du zwei Objekte anfasst.

Hoppelhase

Bitte deinen Freund, die Augen zu schließen. Klopfe ihm schnell jeweils 4-mal auf das Handgelenk, den Ellenbogen und den Oberarm. Glaubt er, dass ein Häschen seinen Arm hochhoppelt?

Forscher sind sich uneins, warum wir die Berührung auf dem ganzen Arm anstatt nur an drei Stellen spüren. Vermutlich dominiert das, was das Gehirn *erwartet*, über das, was es *fühlt*.

Unwiderstehlich

1. Bitte einen Freund, den Arm auszustrecken und gegenzuhalten, während du sein Handgelenk mit zwei Fingern nach unten drückst. Das sollte ihm leichtfallen.

2. Bitte ihn nun, einen Fuß auf einen kleinen Bücherstapel oder Hocker zu stellen, und wiederhole den Test.

3. Diesmal wird dein Freund dem Druck nicht standhalten und du kannst seinen Arm leicht nach unten drücken.

Stellt dein Freund einen Fuß hoch, glaubt das Gehirn, dass die Wirbelsäule gefährdet sei. Um sie vor Schaden zu schützen, weist das Gehirn die Armmuskeln nicht mehr an, Widerstand zu leisten. Dadurch senkt sich der Arm.

Pinocchio-Nase

1. Stell dich mit verbundenen Augen hinter einen Freund.

2. Streiche mit gleichen Bewegungen ein paar Minuten lang mit der einen Hand über deine Nase und mit der anderen über die deines Freundes. Scheint deine Nase plötzlich länger zu sein?

Das Gehirn erhält identische Signale von beiden Händen und glaubt daher, dass du nur eine Nase berührst. Durch den ausgestreckten Arm und die fehlenden Informationen von den Augen folgert es, dass deine Nase gewachsen ist.

Schwebender Arm

1. Stell dich an eine Wand und drücke eine Minute lang den Arm fest dagegen – je fester, umso größer ist die Wirkung!

2. Geh von der Wand weg. Bewegt sich der Arm von allein nach oben?

Drückst du gegen die Wand, spannst du die Armmuskeln an und Muskeln und Gehirn gewöhnen sich an den Druck. Hörst du damit auf, bleiben die Muskeln leicht angespannt, und der Arm geht nach oben. *Erwartest* du, dass dein Arm sich hebt, hebt er sich noch mehr.

SCHMERZ *im Gehirn*

Nichts erregt unsere Aufmerksamkeit so sehr wie ein plötzlicher Schmerz. Das soll er auch. Schmerz warnt uns, dass etwas in unserem Körper nicht stimmt und wir eingreifen müssen, bevor weiterer Schaden entsteht. Andauernder Schmerz erinnert uns daran, dass wir uns während eines Heilungsprozesses schonen sollten.

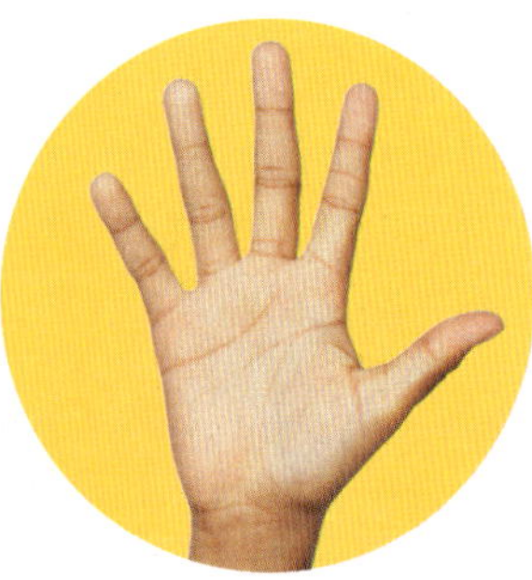

In jedem Quadratzentimeter Haut sind um die 200 Schmerzrezeptoren.

WOHER KOMMT DER SCHMERZ?

Unsere Haut, Muskeln und inneren Organe sind voller Rezeptoren, die auf Druck, Hitze und chemische Reize reagieren. Falls diese dem Körper schaden, werden die Rezeptoren aktiviert und senden elektrische Signale an Rückenmark und den Thalamus im Gehirn. Er leitet die Signale an andere Hirnregionen weiter, die herausfinden, woher der Schmerz kommt, was er bedeutet und wie stark er ist. Das Gehirn sendet einen Impuls zurück ans Rückenmark und sagt dem Körper, wie er reagieren soll.

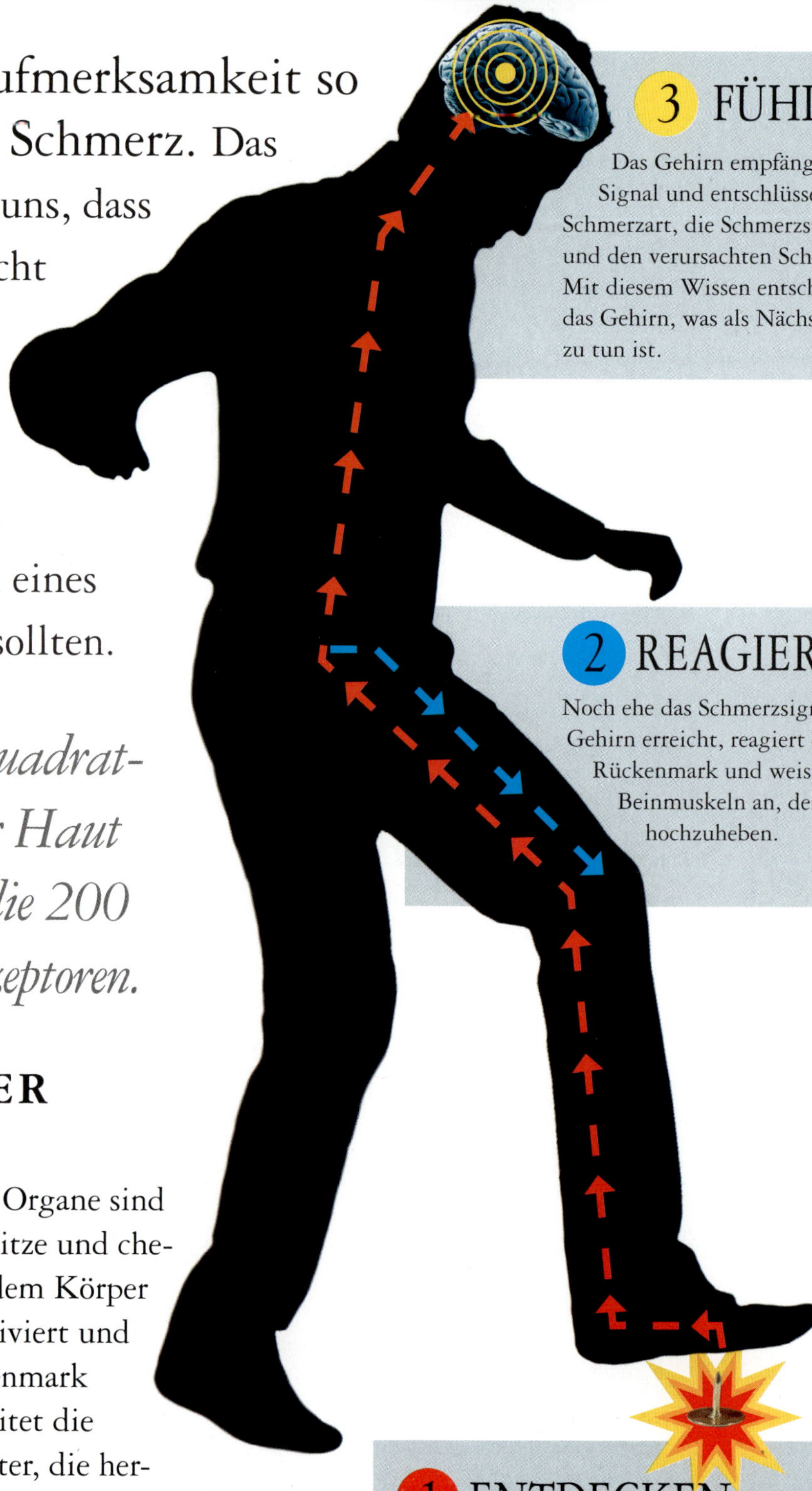

3 FÜHLEN

Das Gehirn empfängt das Signal und entschlüsselt die Schmerzart, die Schmerzstärke und den verursachten Schaden. Mit diesem Wissen entscheidet das Gehirn, was als Nächstes zu tun ist.

2 REAGIEREN

Noch ehe das Schmerzsignal das Gehirn erreicht, reagiert das Rückenmark und weist die Beinmuskeln an, den Fuß hochzuheben.

1 ENTDECKEN

Tritt man auf eine Reißzwecke, melden die Schmerzrezeptoren der Haut dem Gehirn sofort die Verletzung. Gleichzeitig senden Tastrezeptoren Signale über die Schmerzursache.

Schmerz ist ein Warnsignal, das in uns die Alarmglocken läuten lässt.

Natürliche Schmerzmittel

Das Gehirn reagiert auf Schmerz auch, indem es Nervenzellen an der Wunde signalisiert, bestimmte Substanzen namens Endorphine freizusetzen. Diese werden in die Synapsen gegeben und von den an der Schmerzleitung beteiligten Neuronen aufgenommen. Es hemmt die Weiterleitung des Signals ans Gehirn. Endorphine haben eine ähnliche chemische Struktur wie Morphin, das bei Schwerkranken als Schmerzmittel verwendet wird. Morphin ist ein natürliches Schmerzmittel, das im Schlafmohn vorkommt.

Schmerz unter Stress

Akuter Stress kann erstaunliche Auswirkungen auf Schmerz haben. Verwundete Soldaten können trotz Schmerzen weiterkämpfen, weil ihr Körper eine wirksame Mischung aus Stresshormonen wie Adrenalin und Cortisol ausschüttet, durch die Endorphine freigesetzt werden. Manche Menschen spürten nicht einmal eine Schusswunde. Die Wirkung hält nicht an, reicht aber oft, um sich in Sicherheit zu bringen.

Den Schmerz wegdenken

Die Psyche spielt eine wichtige Rolle bei der Reaktion auf Schmerz. Positive Gedanken können so wirksam wie starke Schmerzmittel sein. Leistungssportler können Schmerzen ertragen, die andere Menschen eine Woche ans Bett fesseln würden. Durch Willensstärke und die Fähigkeit, den Schmerz auszublenden, können Menschen über heiße Kohlen laufen oder sich auf ein Nagelbrett legen. Durch eine Art „Trance“ können sie ihr Schmerzempfinden reduzieren.

Zuckerpillen

Ärzte fanden heraus, dass harmlose Zuckerpillen oder Salzwasserspritzen bei Schmerzpatienten die gleiche Wirkung wie echte Medizin haben können. Das nennt man „Placeboeffekt“. Der Patient glaubt so fest daran, eine echte Arznei bekommen zu haben, dass der Schmerz wirklich vergeht. Hirntomografien zeigen, dass Placebos die bei Schmerzen aktivierten Hirnregionen auf die gleiche Weise besänftigen wie echte Schmerzmittel.

Einfach reiben

Nicht alle Schmerzsignale erreichen das Gehirn. Schwächere Signale können im Rückenmark über eine Art „Tor-Mechanismus“ herausgefiltert werden. Auch durch Tastreize greift der Mechanismus. Verrenkt man sich den Knöchel, reibt man instinktiv die verletzte Stelle und aktiviert damit Tastrezeptoren. Durch deren Signale wird das Tor geschlossen und die Schmerzleitung ans Gehirn gehemmt. Deshalb lindert das Reiben einer verletzten Stelle tatsächlich den Schmerz.

SCHMERZHAFTE TATSACHEN

- Chili enthält einen Stoff (Capsaicin), der ein Brennen verursacht. Manche glauben, dass die durch den Schmerz freigesetzten Endorphine Glücksgefühle beim Genuss scharfer Speisen auslösen.

#@%&
#£!

- Fluchen kann tatsächlich durch Verletzungen verursachten Schmerz reduzieren. Forscher glauben, dass durch Wut Stresshormone ausgeschüttet werden, die den Schmerz lindern. Aber denk daran, nicht vor deiner Oma zu fluchen!

- Durch einen Gendefekt spüren manche Menschen gar keinen Schmerz. Das klingt vielleicht toll, kann aber äußerst gefährlich sein. Schmerz ist nützlich!

Innere

SCHON GEWUSST?

Wo ist die innere Uhr?

Die Hauptuhr befindet sich im Zwischenhirn in der Nähe der Sehnerven. Sie besteht aus zwei Anhäufungen von Gehirnzellen, die Suprachiasmatische Nuclei (SCN) genannt werden. In diesen Gehirnzellen schalten sich Gene wie nach einer Uhr an und aus. Der SCN kontrolliert den Schlaf-wach-Rhythmus durch die Ausschüttung von Hormonen wie Melatonin, durch die wir uns müde oder munter fühlen.

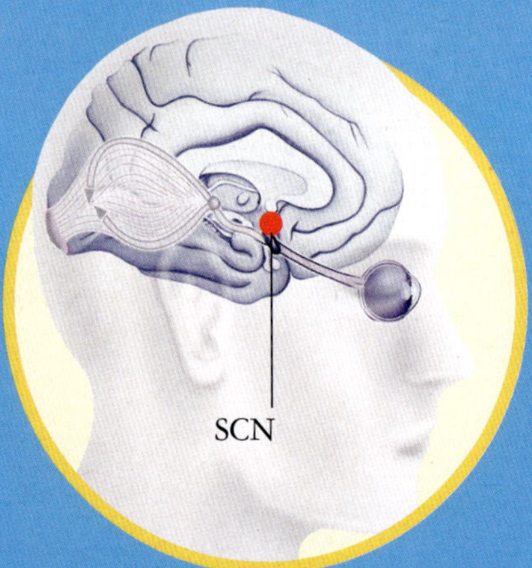

Eule oder Lerche?

Die innere Uhr basiert auf einem 24-Stunden-Zyklus, aber die Länge des Zyklus variiert von Mensch zu Mensch, vermutlich größtenteils genetisch bedingt. Menschen mit einem kürzeren Zyklus als 24 Stunden kommen leicht aus dem Bett und werden Lerchen genannt. Menschen mit einer langsamen inneren Uhr bleiben lang auf und werden Eulen genannt.

TIEF IN UNSEREM GEHIRN ist eine innere Uhr, die uns sagt, wann wir wach sein sollen, schlafen, uns ausruhen oder spielen. Wenn man die innere Uhr versteht, kann man jeden Tag optimal nutzen.

08:30 Stuhlgang am wahrscheinlichsten.

08:00–11:00 Herzinfarkt am wahrscheinlichsten, weil die Blutgefäße noch nicht so elastisch sind und der Blutdruck nach dem Aufwachen stark ansteigt.

11:00 Nun sind wir putzmunter und aktiv, außer Jugendliche, deren innere Uhr nachgeht und die erst am Nachmittag richtig fit sind. Dadurch fällt es ihnen schwer, früh aufzustehen.

12:00 Um die Mittagszeit sinken Aufmerksamkeit und Körpertemperatur, egal ob wir gegessen haben oder nicht. Dadurch kann es zu einem „Sekundenschlaf" kommen. In manchen Ländern halten die Menschen mittags eine Siesta.

14:00 Zu dieser Tageszeit sind Verkehrsunfälle am wahrscheinlichsten. Viele davon werden durch „Sekundenschlaf" der Fahrer verursacht.

16:00 Aufmerksamkeit und Körpertemperatur steigen wieder. Nun hat man die kürzeste Reaktionszeit. Daher ist es die beste Tageszeit für Sport.

18:00 Der Arbeitstag ist vorbei, doch die innere Uhr läuft auf Hochtouren und hält uns aktiv und munter. Eine gute Zeit für Verabredungen.

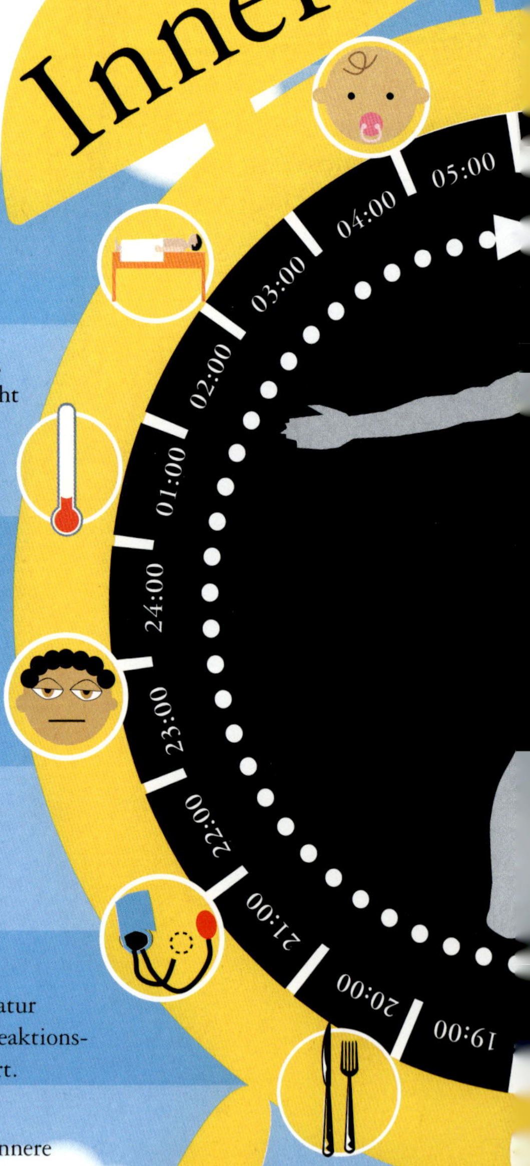

Die ruhigsten Stunden des Tages

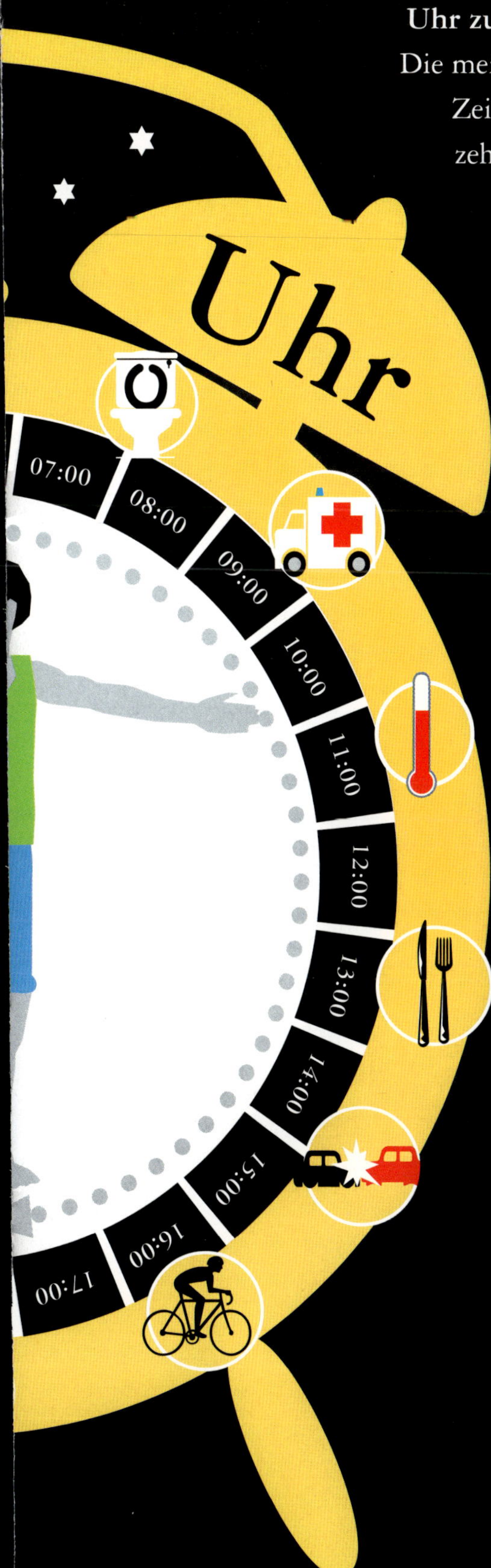

Rate, wie spät es ist, ohne auf die Uhr zu schauen. Warst du nah dran? Die meisten können dank ihres inneren Zeitgefühls die Uhrzeit bis auf zehn Minuten genau schätzen.

19:00 Augen und Gehirn nehmen das Dämmerlicht wahr. Dadurch weiß der Körper, dass die Nacht naht, und bereitet sich auf den Schlaf vor.

20:00 Viele Menschen nehmen nun ihre Hauptmahlzeit ein, obwohl das Hormon Insulin, das den Blutzuckerspiegel senkt, morgens effektiver ist. Manche Forscher empfehlen das Frühstück als Hauptmahlzeit und raten abends nur zu einem kleinen Imbiss.

20:00–22:00 Körpertemperatur und Blutdruck fallen und wir fühlen uns müde. Doch Jugendliche und junge Erwachsene können bis spätabends energiegeladen sein.

02:00 Tiefschlaf.

02:00–04:00 Stoffwechsel und Temperatur sind am niedrigsten, um während des Schlafs Energie zu sparen. Schwer kranke oder sehr alte Menschen sterben wahrscheinlich um diese Zeit.

03:00–05:00 Geburten sind am wahrscheinlichsten, auch bei Primaten wie Affen. Tief nachts zu gebären, könnte evolutionär bedingt sein, um den Nachwuchs zu schützen. Affen halten sich nachts meist an einem sicheren Ort wie auf Bäumen auf!

sind kurz vor Sonnenaufgang.

SCHON GEWUSST?

Kann man die Uhr umstellen?

Die Hauptuhr hat ihren eigenen Takt, wird aber auch ständig durch Licht, das unsere Augen wahrnehmen, neu eingestellt. Durch das Licht werden Hormone ausgeschüttet, die die innere Uhr mit dem 24-Stunden-Tag synchronisieren. Zu wenig Licht frühmorgens oder zu viel Licht spätabends bringt die innere Uhr aus dem Rhythmus.

Warum fällt uns das Aufstehen schwer?

Der von der inneren Uhr kontrollierte Aktivitätsrhythmus ändert sich im Alter. Für Kinder beginnt der Tag früh am Morgen. Aber besonders im Alter zwischen 13 und 21 fällt uns das Aufstehen und Aktivsein am Morgen schwer. Das Schlafbedürfnis eines Erwachsenen nimmt ab, sodass das Frühaufstehen später wieder leichter fällt.

Temperatur

Eine wichtige Aufgabe der inneren Uhr ist es, die Körpertemperatur zu steuern. Sie beträgt durchschnittlich 37 °C, schwankt aber während des Tages. Zwischen 11 und 19 Uhr ist sie am höchsten, außer während der Mittagsmüdigkeit.

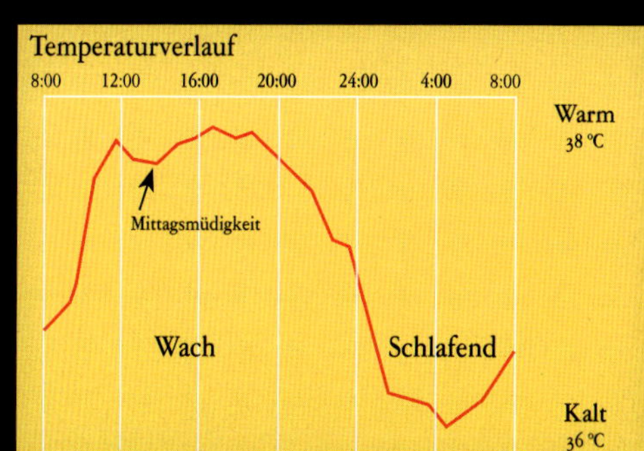

Zeitreise

Warum verfliegt die Zeit, wenn man Spaß hat? Eine Stunde mit einer schönen Beschäftigung fühlt sich wie wenige Minuten an, wenige Minuten mit einer lästigen Pflicht wie eine Stunde. Das sogenannte subjektive Zeitempfinden unterscheidet sich von der Zeit, die Uhren messen. ***Je nach Gemütsverfassung scheint die Zeit schneller oder langsamer zu vergehen.***

Warum vergeht das Leben scheinbar schneller, wenn man älter wird?

Das liegt zum einen daran, dass unser Leben im Alter weniger abwechslungsreich und aktiv ist und wir weniger neue Erfahrungen sammeln. Zum anderen liegt es daran, dass ein neues Lebensjahr im Vergleich zu den bereits gelebten Jahren einen kleineren Anteil ausmacht. Ein Forscher rechnete durch mathematische Spielereien unsere Lebensdauer auf subjektiv gelebte Jahre um. Er fand heraus, dass wir mit zehn Jahren bereits über die Hälfte der subjektiven Lebenszeit hinter uns haben! Das muss man nicht so ernst nehmen – die Studie schaffte es nur in eine Zeitschrift für wissenschaftliche Witze.

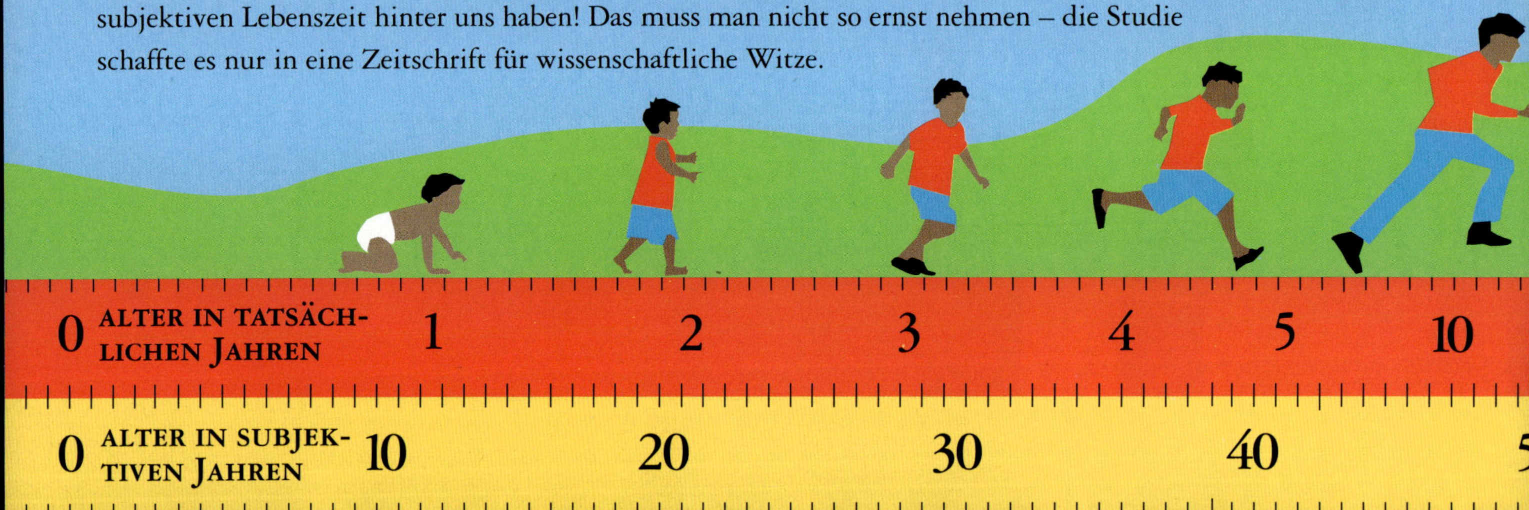

Die Zeit verlangsamen

Durch extreme Aufregung kann sich das Zeitempfinden verlangsamen und jede Sekunde endlos dehnen. Das geschieht, weil die Neurone im Dopaminpfad des Gehirns (S. 68) öfter feuern, wenn wir aufgeregt sind. So kann das Gehirn mehr Erlebnisse pro Sekunde verarbeiten. Opfer von Autounfällen berichten, dass sie im Moment des Unfalls alles wie in Zeitlupe erlebten. Die Zeit scheint auch langsamer zu vergehen, wenn wir uns langweilen oder ungeduldig auf etwas warten – wie das Läuten der Schulglocke am Ende einer öden Stunde.

Neurone als Taktgeber

Aufgaben, die großes Rhythmusgefühl erfordern, wie etwa Tanzen, hängen von taktgebenden Neuronen ab. Forscher entdeckten sie im präfrontalen Cortex und Striatum von Affengehirnen. Sie feuern in einem bestimmten Intervall – wie 10-mal pro Sekunde – und ermöglichen dem Gehirn, Erinnerungen zeitlich einzuordnen. So können wir uns nicht nur an das Erlebnis erinnern, sondern auch, wann es stattfand.

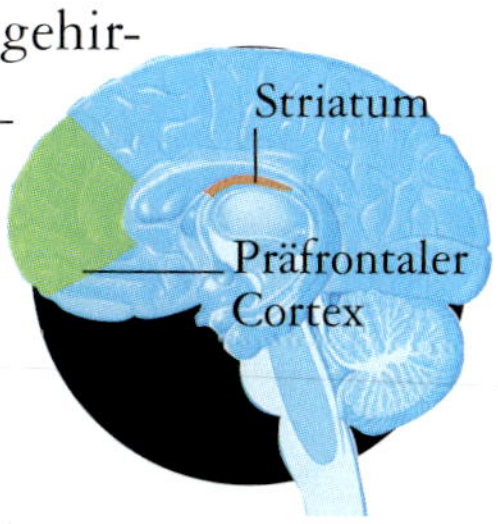

Die Zeit beschleunigen

Konzentriert sich unser Gehirn auf eine schwierige Aufgabe wie ein kniffliges Computerspiel, schenkt es der Zeit keine Beachtung. So verstreicht die Zeit, ohne dass wir es merken, und scheint daher schneller zu vergehen. Die Zeit scheint auch zu verfliegen, wenn man innerhalb einer knappen Frist etwas erledigen muss.

Getäuschte Zeitwahrnehmung

„Jetzt" ist eine Illusion

Das Gehirn täuscht uns vor, dass etwas *genau jetzt* passiert, aber das ist nur eine Illusion. Ein Bild braucht eine Fünftelsekunde, um von der Netzhaut in die Sehrinde des Gehirns geleitet, dort erkannt und als bewusstes Erleben verarbeitet zu werden. Daher liegt das erlebte „Jetzt" immer etwas zurück. Zum Glück kann das Gehirn meisterhaft vorhersagen, was im nächsten Moment geschehen wird. Daher hat es immer die richtige „Reaktion" parat und wird selten von der Verzögerung überrumpelt. Unser Gehirn ist so gut im Vorhersagen, dass ein Großteil unseres Erlebens nur auf Erwartungen und nicht dem wirklichen Geschehen beruht.

Die Zeit steht still

Wir stützen uns auf das Gedächtnis, um Zeiträume zu empfinden. Aber bei Menschen mit einer Gehirnschädigung kann diese Fähigkeit verloren gehen. Das nennt man Korsakow-Syndrom. Ein berühmter Patient mit dieser Krankheit erlitt als junger Matrose 1945 einen Gedächtnisschwund. Den Rest des Lebens glaubte er, ein junger Mann zu sein. Wenn er in den Spiegel sah und einen alten Mann erblickte, erschrak er. Zum Glück vergaß er danach sofort, wie alt er ausgesehen hatte.

SCHLAF-STÖRUNGEN

Schlafwandeln

Schlafwandelst du? Das ist häufig und liegt vielleicht in der Familie. Schlafwandeln entsteht nicht durch Träumen – es ist eine unbewusste Bewegung während des Tiefschlafs. Am Morgen erinnert man sich nicht daran. Manche schreiben oder zeichnen im Schlaf, manche begehen sogar ein Verbrechen.

Schlafapnoe

Im Schlaf ist der Körper entspannt. Das ist sein sicherster Zustand – außer bei Schlafapnoe. Dann sind die Halsmuskeln so entspannt, dass die Atemwege blockieren und man keine Luft bekommt. Das kann gefährlich sein. Doch oft werden die Betroffenen vom Gehirn geweckt, meist mit lautem Schnarchen.

Schlaflosigkeit

Es ist normal, nachts mehrmals aufzuwachen. Wenn man aber nicht wieder einschlafen kann, leidet man vielleicht an Schlaflosigkeit. Sie wird u. a. durch Stress und Koffein verursacht. Fällt einem das Einschlafen schwer, muss man sich vor dem Schlafen entspannen (ein Buch lesen oder baden) und für Ruhe und Dunkelheit sorgen.

Narkolepsie

Manche Menschen kriegen nie genug Schlaf – und fühlen tagsüber plötzlich einen starken Schlafdrang, der 30 Sekunden bis 30 Minuten dauert. Das kann sehr gefährlich sein, beispielsweise wenn man während des Autofahrens einen solchen Anfall erleidet.

Schlafmütze

WIR VERSCHLAFEN ein Drittel unseres Lebens. Wir wissen, dass Babys mehr Schlaf als Erwachsene brauchen und Jugendliche nicht gern früh aufstehen. Unbekannt ist jedoch, warum wir überhaupt schlafen und träumen.

ZEIT ZUM SCHLAFEN!

Man schläft in einem sich etwa alle 90 Minuten wiederholenden Zyklus aus Leicht- und Tiefschlaf. Im Tiefschlaf ist die Hirnaktivität am niedrigsten. Während der leichtesten Phase (REM-Schlaf) erzeugt das Gehirn erinnerbare Träume und ist so aktiv wie im Wachzustand. REM steht für *Rapid* (engl. für „schnell“) *Eye* („Auge“) *Movement* („Bewegung“), weil sich in dieser Phase die Augen unter den Lidern bewegen.

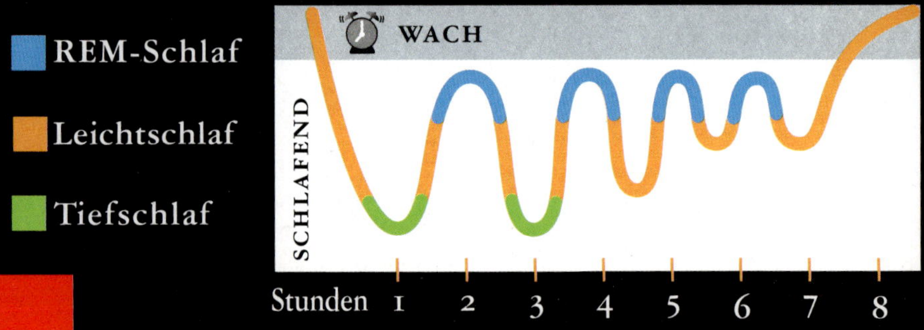

Ich will NICHT ins Bett!

JEDER MUSS SCHLAFEN. Wie viel, hängt vom Alter ab – je älter man ist, desto weniger braucht man. Keiner weiß, warum wir schlafen, aber die Auswirkungen von Schlafmangel sind bekannt. Schläft man nicht genug, ist man tagsüber müde und unkonzentriert. Bei andauerndem Schlafentzug fühlt man sich körperlich und seelisch unwohl, leidet

Warum schlafen wir?

Das weiß keiner genau, aber hier sind einige der bekanntesten Theorien:

1 Schlaf verschafft dem Körper eine Auszeit zur **ERHOLUNG** und Regenierung.

DER STOFF, AUS DEM DIE TRÄUME SIND

Fast jeder träumt. Pro Jahr hat man durchschnittlich über 1800 Träume. An die meisten erinnert man sich nicht, es sei denn, man wacht während des Träumens auf. Träume sind seltsam: Sie verändern das Zeitempfinden – man glaubt, stundenlang geträumt zu haben, auch wenn es nur Minuten waren. Und sie fühlen sich echt an – selbst bei den verrücktesten Träumen weiß man nicht, dass man gerade träumt. Da der Stirnlappen im Schlaf größtenteils inaktiv ist, hat man kein Realitätsempfinden.

Wofür sind sie?

Keiner weiß, warum wir träumen. Manche glauben, dass es das Gedächtnis festigt, andere, dass man so die Erlebnisse des Tages verarbeitet. Einige Träume werden durch nächtliche Geräusche oder Gefühle ausgelöst. (Hast du schon mal geträumt, dass du zur Toilette musst, und nach dem Aufwachen gemerkt: Es stimmt?) Vielleicht sind Träume aber auch Überstunden der Fantasie.

Was für ein Albtraum!

Träume können unheimlich sein. Das geschieht, weil die Hirnregion, die Emotionen erzeugt, während des Schlafs sehr aktiv ist. Manchmal erzeugt sie Angst, aus der das übrige Gehirn einen verstörenden Traum spinnt – einen Albtraum.

Schlaflos

1959 stellte der amerikanische DJ Peter Tripp einen Weltrekord im Wachbleiben auf. Er unterhielt sich, hörte Platten und wurde von Schwestern und Ärzten 201 Stunden (8 Tage) wach gehalten. Nach ein paar Tagen hatte er Halluzinationen von Spinnweben, Mäusen und Katzen und suchte nach imaginärem Geld. Er erholte sich nie völlig vom Schlafentzug und wurde aggressiv und paranoid.

Schnarch

an Seh- und Sprachstörungen und einem geschwächten Immunsystem. Schläft man tagelang gar nicht – nicht einmal kurz –, stirbt man. Keiner weiß, wie viele Tage Schlafentzug zum Tod führen, weil man das an Menschen nicht getestet hat. Ratten starben im Versuch jedoch eher an Schlaf- als an Nahrungsentzug.

2 Im Schlaf **BALANCIEREN** sich die nicht aktiv gebrauchten Botenstoffe im Gehirn aus.

3 Das Gehirn braucht Zeit zur **NEUVERKNÜPFUNG**, Informationsverarbeitung und Gedächtnisbildung.

4 Im Bett ist man vor den Gefahren der Nacht **GESCHÜTZT**.

ICH DENKE, also bin ich

„Ich denke, also bin ich“, sagte der Philosoph René Descartes vor etwa 400 Jahren. Allein der Akt des Denkens sei der Beweis für die eigene Existenz.

Wie Descartes haben wir ein starkes inneres Selbst, das denkt, fühlt und Empfindungen hat. Dieses Ichgefühl ist ein wichtiger Teil des geheimnisvollen menschlichen Phänomens, das wir Bewusstsein nennen.

Unser inneres Selbst ist absolut einmalig. Unser Geist wird von Genen und Erfahrungen geformt, die ganz persönlich sind. ***Dadurch ist jeder von uns einzigartig.***

Die Neugier, die man BEWUSSTSEIN nennt

Aufgepasst!

Spürst du die Socken an den Füßen? Das Bewusstsein kann sich – wie eine Art geistiger Scheinwerfer – sehr gut auf eine Sache konzentrieren und alles andere ausblenden, wie das Gefühl von Socken an den Füßen. Dieser geistige Fokus heißt *Aufmerksamkeit*. Man kann sie gezielt auf etwas wie dieses Buch richten, sie kann aber auch unwillkürlich auf etwas gelenkt werden. Wenn wir im Augenwinkel eine Maus vorbeihuschen sehen oder hören, wie jemand unseren Namen murmelt, ist unsere Aufmerksamkeit sofort geweckt.

Der Spiegeltest

Haben Tiere ein Bewusstsein? Das wissen wir nicht, weil wir nicht in den Geist eines Tiers sehen können. Trotzdem kann man herausfinden, ob ein Tier sich seiner selbst bewusst ist. Dazu malt man ihm einen roten Punkt auf das Gesicht und zeigt ihm einen Spiegel. Wenn das Tier sich erkennt, wird es den Punkt berühren wollen. Menschen bestehen diesen Test ab dem Alter von 18 Monaten. Nur wenigen Tierspezies gelingt es: Schimpansen, Delfinen, Elstern und (bei einem abgewandelten Test) Schweinen – alle diese Tiere gelten als intelligent.

Bewusstsein ist eine

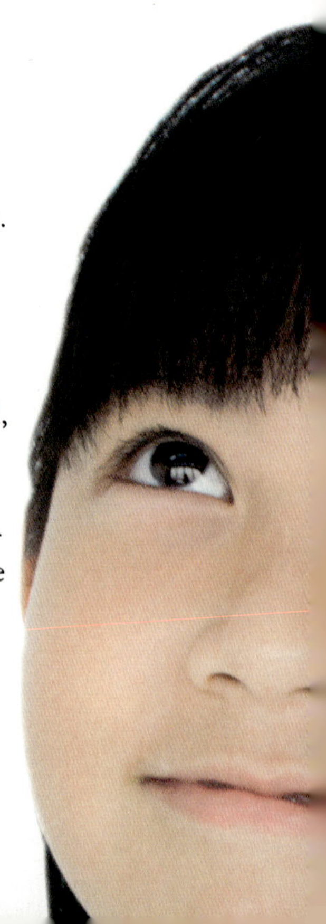

Was ist Bewusstsein?

Im Schlaf schaltet sich das Bewusstsein aus. Ist man wach, schaltet es sich ein wie Licht. Dann nimmt man die Welt bewusst wahr. Obwohl wir alle ein Bewusstsein haben, ist es schwer zu sagen, was das eigentlich ist. Selbst die Forscher sind sich da uneins. Auch deshalb bleibt es so rätselhaft.

Stell dir das Bewusstsein als einen Film in deinem Kopf vor. Dazu gehören nicht nur Ton und Bild, sondern auch Geruch, Geschmack und andere Empfindungen. Mehr noch: Zum Bewusstsein gehört die geheime innere Welt der Gedanken, Gefühle und Wünsche. Vielleicht hörst du gerade, wie eine innere Stimme die Worte auf dieser Seite spricht. Obwohl es wie eine andere Person klingt, weißt du, dass DU es bist.

Dieses ICHGEFÜHL ist ein wichtiger Teil unseres Bewusstseins. Wir fühlen uns, als ob ein verborgenes inneres Selbst in unserem Kopf leben würde und Entscheidungen träfe.

In jedem Moment, in dem wir wach sind, geschieht etwas Geheimnisvolles im Gehirn. Die Informationen unserer Sinne, unsere Gedanken, unsere Ideen, Gefühle und Erinnerungen bilden zusammen das BEWUSSTSEIN. Das zu verstehen, ist eines der großen *Rätsel der Wissenschaft*.

Art Aufmerksamkeit.

Unbewusste Vorgänge

Wir glauben, dass wir unseren Geist und Körper bewusst steuern, aber vieles liegt jenseits unserer bewussten Kontrolle oder selbst der Aufmerksamkeit. So muss man nicht bewusst atmen oder zwinkern, obwohl beide Vorgänge vom Gehirn gesteuert werden.

Das Herz schlägt pausenlos und reguliert den Takt selbst.

Die Lungen versorgen den Körper automatisch permanent mit Sauerstoff.

Unwichtige **Empfindungen** – wie Socken an den Füßen – werden ausgeblendet.

Komplexe Muskelbewegungen laufen fast unbewusst ab, wenn man eine Fähigkeit wie Schuhe zubinden gelernt hat.

Wo geschieht es?

Soweit wir wissen, wird das Bewusstsein nicht von einer bestimmten Hirnregion erzeugt. Hirntomografien zeigen, dass dafür viele Teile der Großhirnrinde wichtig sind, aber keiner es allein bewirken kann. Manche Menschen glauben, dass das Bewusstsein von der physischen Welt getrennt existiert und eine Art Seele ist. Die meisten Forscher jedoch halten das Bewusstsein nur für das Resultat von Hirnaktivität.

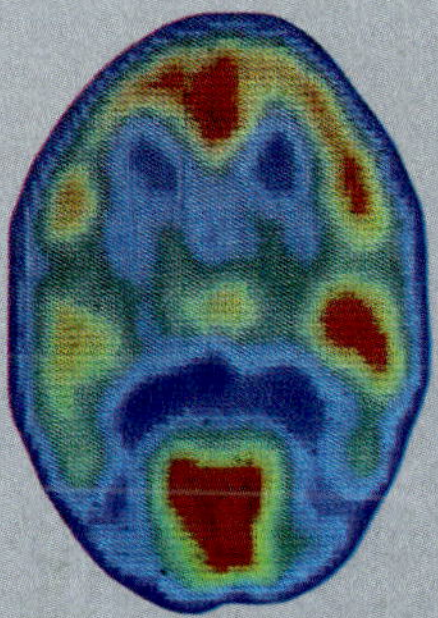

Bewusst oder nicht?

Menschen mit einer schweren Hirnverletzung können tage- oder wochenlang in einem Schlafzustand sein, der Koma genannt wird. Manchmal wachen sie wieder auf, aber reagieren auf nichts, so als ob sie kein Bewusstsein hätten. Diese Patienten liegen im „Wachkoma", aber sind sie bewusst? Kürzlich machten Forscher vom Gehirn so einer Patientin eine Tomografie und baten sie, sich vorzustellen, Tennis zu spielen. Die Bilder zeigten die gleiche Hirnaktivität wie bei Gesunden, die an Tennis denken. Also hat die Patientin die Aufgabe wohl verstanden und ausgeführt.

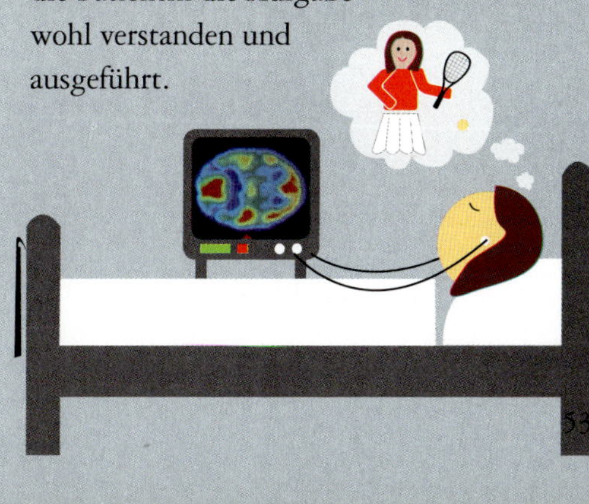

DENKEN, *ohne*

DER SECHSTE SINN

Hattest du schon einmal das Gefühl, dass etwas nicht stimmt, ohne zu wissen warum? Vielleicht bist du in dein Zimmer gegangen und etwas war anders. Dann hast du gesehen, dass ein Poster fehlt. Hier ist das Unbewusste am Werk. Ohne dass wir es merken, nimmt das Gehirn Informationen auf und wertet sie blitzschnell aus. Gibt es ein Problem, sendet es zuerst ein Warnsignal an den emotionalen Teil des Gehirns. Dadurch entsteht das Gefühl, dass etwas im Gange ist.

Das bewusste Denken ist nur die Spitze des Eisbergs – nur ein Bruchteil der Vorgänge im Gehirn. Der Großteil der Geistesaktivität geschieht unbewusst

Der erste Eindruck

Die Einschätzung anderer Menschen geschieht unbewusst. Unmittelbar nach der ersten Begegnung ziehen wir alle möglichen Schlüsse und spüren sofort, ob wir einem Menschen trauen können, obwohl wir oft nicht sagen können warum. Selbst die Pupillengröße kann unsere Reaktion auf einen Mitmenschen stark beeinflussen: Große Pupillen wirken attraktiv.

Unbewusstes Denken

... oder ASP, sechster Sinn, Bauchgefühl ...

Wird man einmal von einem Hund Tiere instinktiv, auch wenn man sich

Geistige Lähmung?

Ist es besser, gründlich nachzudenken oder dem Bauchgefühl zu vertrauen und sich schnell zu entscheiden? Stell dir vor, du musst dich zwischen drei Telefonen mit vielen unterschiedlichen Funktionen entscheiden. Alle Optionen bewusst abzuwägen, ist schwer. So vertrauen die meisten ihrem Instinkt. Niederländische Psychologen entdeckten, dass man damit meistens richtig liegt. Bei einem Experiment mussten Personen anhand von zwölf Faktoren das beste Auto auswählen. Sie trafen klügere Entscheidungen, wenn sie abgelenkt waren und sich nicht konzentrieren konnten.

ZU DENKEN

und ohne dass wir es merken. Das Unbewusste kann erstaunlich stark und schnell sein, aber es kann sich auch mal irren.

DIE KRAFT DER INTUITION

Unbewusstes Denken heißt „Intuition". Erfahrene Menschen entwickeln eine starke Intuition. So spürte ein Feuerwehrhauptmann in einem brennenden Haus instinktiv, dass etwas nicht stimmte, und schickte sein Team nach draußen. Kurz darauf stürzte der Boden in den Keller, wo das Feuer ausgebrochen war. Er schrieb die Eingebung der außersinnlichen Wahrnehmung (ASW) zu. Doch in Wahrheit hatte die Erfahrung seine Instinkte geschärft.

Je mehr Erfahrung man hat, umso besser ist die Intuition.

= Intuition …

Unbewusstes Denken

Die Intuition hat nicht immer recht. Experimente beweisen, dass unbewusstes Denken durch Nebensächlichkeiten beeinflusst werden kann. Diesen Effekt nennt man „Priming". So putzt man einen Raum gründlicher, weil es nach Desinfektionsmittel riecht, oder strengt sich bei einem Spiel mit Geldeinsatz mehr an, wenn man ein Portemonnaie sieht. Eine aktuelle Studie zeigte, dass Studenten unsinnige Artikel über das Gehirn als vertrauenswürdig einstuften, nur weil sie Bilder einer Hirntomografie enthielten. Dieselben Artikel mit Diagrammen anstelle der Bilder wurden von anderen Studenten für unglaubwürdig befunden.

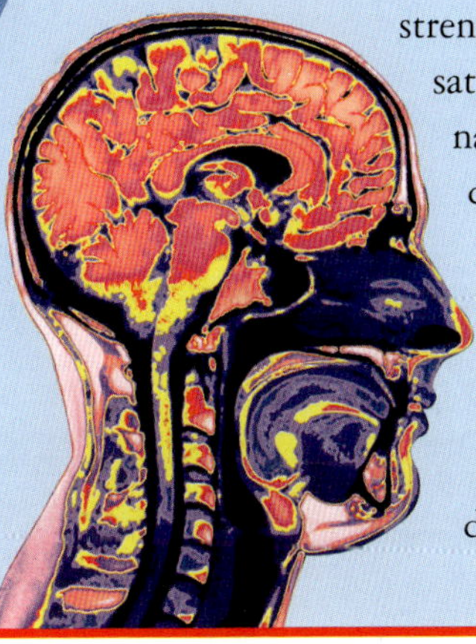

gebissen, meidet man die an den Grund nicht erinnert.

Entscheidungsfreiheit?

Wenn wir Entscheidungen treffen, glauben wir, dass unser inneres Selbst nach freiem Willen handelt. Aber das könnte eine Illusion sein: Experimente zeigen, dass unbewusste Teile des Gehirns schon zehn Sekunden, bevor wir uns dessen bewusst sind, für uns entscheiden. Bei einem Versuch sollte eine Person nacheinander auf einem Bildschirm aufleuchtende Buchstaben durch Knopfdruck beliebig auswählen. Hirntomografien entdeckten die zum Knopfdruck führende neuronale Aktivität zehn Sekunden, bevor der gewünschte Buchstabe erschien. Die Forscher konnten sogar vorhersagen, für welchen Buchstaben sich die Person entscheidet, bevor sie es selbst wusste.

Wann entscheidet er sich *wirklich*, den Knopf zu drücken?

Gedankenlesen

Woher wissen meine Eltern

Sei sehr vorsichtig, wenn du deine Eltern anlügst. Sie wissen, wann du lügst, weil sie ***subtile Signale*** deuten, die du unbewusst aussendest.

1 GESICHTSAUSDRUCK

Der Gesichtsausdruck spiegelt die inneren Gefühle, auch wenn man sie verbergen oder unterdrücken will. Wenn man ein falsches Lächeln aufsetzt, aber die Augen kalt und neutral bleiben, verraten sie einen. Eine der ehrlicheren Gesichtspartien ist die Stirn – gerunzelte Brauen zeigen, dass einen etwas ärgert, auch wenn man gleichmütig erscheinen will.

2 BLICKRICHTUNG

Wenn man herausfinden möchte, was jemand denkt oder will, folgt man am besten seinem Blick. Menschen schauen die Dinge an, die sie wollen, und verraten sich so. Auch absichtlich weg oder nach unten zu schauen, um die Gedanken zu verbergen, kann Bände sprechen.

Weiterer Lesestoff...

Spieglein, Spieglein

Die Fähigkeit, Gedanken zu lesen, beruht möglicherweise auf sogenannten Spiegelneuronen im Gehirn. Forscher entdeckten sie durch Zufall in Affen bei der Untersuchung einer Hirnregion, die aktiviert wird, wenn ein Affe nach Nahrung greift. Wenn der Affe einen Forscher nach Nahrung greifen sah, wurde dieselbe Region aktiviert, als ob der Affe das Erlebnis im Kopf nachempfand. Es gibt auch in unserem Gehirn Spiegelneurone.

Spiegelgesichter

Spiegeln spielt möglicherweise eine Rolle, wenn wir uns durch Gesichtsausdrücke mitteilen. Sehen wir jemanden lächeln oder erschrecken, spüren wir nicht nur einen Anflug derselben Emotion, sondern machen auch den entsprechenden Gesichtsausdruck.

Einigen Forschern zufolge haben wir ein so großes Gehirn, damit wir einander besser verstehen. Um im Leben zu bestehen, muss man die Gedanken und Bedürfnisse anderer erkennen können – man muss ihre ***Gedanken lesen.***

immer, wann ich lüge?

3 KÖRPERSPRACHE

Sind die Muskeln angespannt? Sind die Arme abwehrend verschränkt? Gesten und Haltung verraten viel über uns. Eine subtile Form der Körpersprache ist die Art, wie wir uns gegenseitig nachahmen. Stimmen wir jemandem zu oder mögen ihn, kopieren wir dessen Bewegungen, anderenfalls ist unsere Körpersprache nicht synchron.

4 TONFALL

Unser Tonfall kann bedeutsamer als Worte sein. Lautstärke, Tonhöhe und Atemrhythmus verraten unseren Gefühlszustand. Studien zeigen, dass man sogar die Gefühlslage eines fremdsprachigen Menschen einschätzen kann, ohne ein Wort zu verstehen.

5 SELBSTKENNTNIS

Die Hauptwaffe deiner Eltern ist die Selbstkenntnis. Sie waren auch einmal in deinem Alter und haben ihre Eltern angelogen – sie kennen alle Tricks. Wenn du deine Grenzen austestest, erkennen sie sich in dir wieder und können dich so leicht durchschauen.

Ich fühle deinen Schmerz

Wenn sich ein anderer den Zeh stößt, durchzuckt einen selbst der Schmerz. Wenn sich ein anderer blamiert, ist man selbst peinlich berührt. Wir verstehen es ausgezeichnet, uns in andere hineinzuversetzen, indem wir ihre Gefühle nachempfinden. So können wir auch ihre Gedanken lesen. Hirntomografien zeigen, dass bei Betroffenem und Beobachter sogar ähnliche Hirnregionen aktiviert werden.

Ansteckendes Gähnen

Schau das Foto an und zähle bis 10 … Gähnst du schon? Gähnen ist so ansteckend, dass man andere Menschen unbewusst dazu animiert, wenn man in ihrer Gegenwart gähnt. Warum das so ist, ist nicht ganz klar. Aber einer Theorie zufolge ist das Gähnen ein soziales Zeichen für die Gruppe, sich zum Aufbruch bereit zu machen – indem man tief Luft holt.

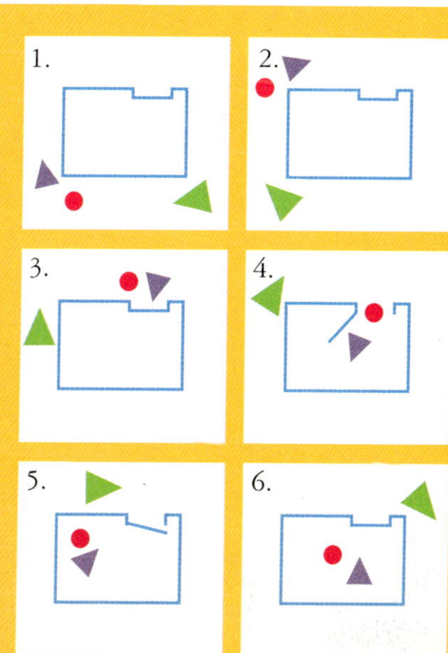

Absichten erkennen

Wir haben eine angeborene Neigung, Absichten im Verhalten anderer Menschen und Tiere zu erkennen. Daher können wir ihre Handlungen vorhersagen. Diese Neigung ist so stark, dass wir sogar unbelebten Objekten wie diesen farbigen Formen Absichten unterstellen. Liest man die Bilder wie einen Comic, scheinen sie eine Verfolgungsjagd darzustellen: Die roten und violetten Formen laufen vor der grünen Form weg und verstecken sich im Rechteck.

Persönlichkeit

Bist du laut oder leise, ordentlich oder unordentlich? Dein Denken, Handeln und Umgang mit anderen ist charakteristisch für dich und formt deine PERSÖNLICHKEIT. Aber woher kommt sie – wird sie von den Genen bestimmt oder der Erfahrung geprägt?

Welcher Persönlichkeitstyp bist du?

Wir haben eine feste Meinung über die Persönlichkeit anderer, die aber nicht wissenschaftlich begründet, sondern stark von Sympathien beeinflusst ist. Um eine Persönlichkeit fair zu beurteilen, entwickelten Psychologen Schemen, die Menschen anhand von Persönlichkeitsmerkmalen klassifizieren. Eines der Schemen wird unten gezeigt. In der Mitte jedes Pfeils steht eine Frage. An den Pfeilenden stehen gegensätzliche Antworten, die von verschiedenen Persönlichkeitstypen bevorzugt werden. Auf diesem Schema basiert der Persönlichkeitstest auf S. 60, mit dem du mehr über dich erfahren kannst.

Auf der nächsten Seite erfährst du

NATUR …

Woher kommt deine Persönlichkeit? Du könntest es auf deine Eltern schieben. Studien zeigen, dass die Gene einen großen Einfluss auf die Persönlichkeit haben. Wenn eineiige Zwillinge (die identische Gene haben) in verschiedenen Familien aufwachsen, entwickeln sie trotz des unterschiedlichen Umfelds eine ähnliche Persönlichkeit. Ebenso sind sich biologische Geschwister ähnlicher als Adoptivgeschwister.

ODER ERZIEHUNG?

Trotzdem haben eineiige Zwillinge keine identische Persönlichkeit, also kann nicht alles an den Genen liegen. Die Persönlichkeit wird von den Erfahrungen (der Erziehung) und den Mitmenschen wie Familie, Freunden, Lehrern bestimmt. Selbst das, was du im Fernsehen siehst, kann sich auf die Persönlichkeit auswirken.

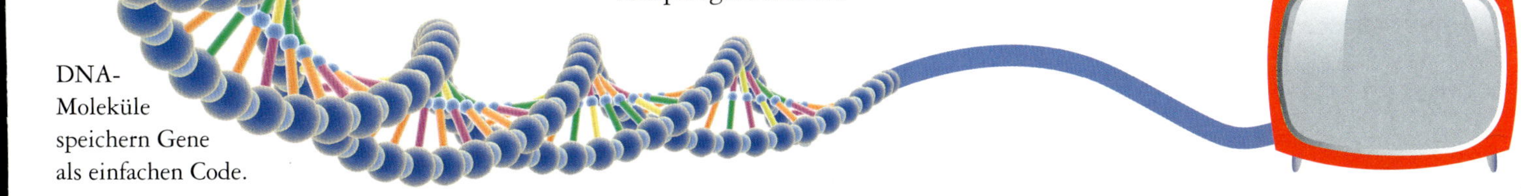

DNA-Moleküle speichern Gene als einfachen Code.

Erwachsen werden

Steckst du ständig in Schwierigkeiten und glaubst, dass es an deiner Persönlichkeit liegt? Keine Sorge. Wenn wir älter werden, verstehen wir unsere Persönlichkeit und die anderer besser. Mit diesem Wissen können wir schwierige Situationen wie Konflikte vermeiden oder mit ihnen umgehen. Sich selbst zu kennen, hilft auch bei der Wahl eines passenden Berufs.

Vielleicht bist du ein kleiner Wildfang. Trotzdem kann einmal etwas aus dir werden – auch wenn du im Inneren immer noch wild bist!

Multiple Persönlichkeiten

Kann man mehr als eine Persönlichkeit haben? Menschen mit einer multiplen Persönlichkeitsstörung haben zwei oder mehr verschiedene Persönlichkeiten, die verschiedene Namen, Eigenschaften und Vorlieben haben. Da sie abwechselnd die Kontrolle übernehmen, kann der Betroffene sich oft nicht daran erinnern, was er zuvor getan hat.

Da diese Störung schwer festzustellen ist, sind Diagnosen häufig umstritten. Überdurchschnittlich viele Fälle treten in den USA auf, wo die Krankheit durch Filme und Bücher bekannt wurde.

Im Roman *Der seltsame Fall des Dr. Jekyll und Mr. Hyde* ist Hyde Dr. Jekylls mordendes Alter Ego (zweite Persönlichkeit).

Testen, testen

Auch mit unwissenschaftlichen Methoden wird die Persönlichkeit erforscht. Jahrhundertelang beurteilten Astrologen anhand der Sterne und Grafologen anhand der Handschrift die Persönlichkeit. Beide Techniken sind wissenschaftlich nicht bewiesen. Manche Psychologen lassen ihre Patienten Tintenkleckse deuten. Viele halten auch diesen Test für unzuverlässig.

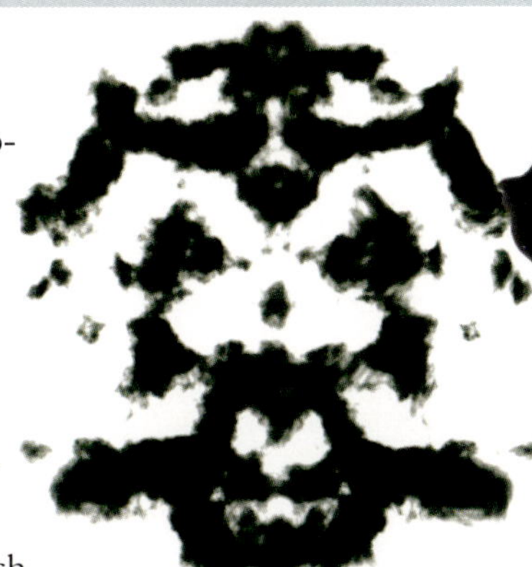

Tintenklecks

Wie bist du?

Psychologen finden mithilfe von Fragebogen heraus, zu welcher Art Mensch man gehört. Die Fragebogen zeigen nicht, was man kann oder nicht, sondern wie man gern wäre. Mehr über die eigene Persönlichkeit zu erfahren, hilft zu verstehen, wie und wie unterschiedlich Menschen auf einen reagieren.

Durch diese Fragen kannst du einige deiner Vorlieben erkennen. Sagen dir beide Optionen zu, entscheide dich für die, die dich besser beschreibt.

? FRAGEN

1 Was machst du als Erstes, wenn du nach der Schule heimkommst?

A) Mit jemandem über den Tag sprechen.
B) Den Tag durchdenken, vielleicht in deinem Zimmer beim Fernsehen oder Musikhören.

2 In der Schule arbeitest du am liebsten …

A) In einer Gruppe?
B) Allein?

3 Wenn du ein neues Brett- oder Computerspiel bekommst ...

A) Liest du die Regeln, bevor du mit dem Spiel anfängst?
B) Spielst du los und schaust dir die Regeln nur bei Bedarf an?

4 Denk an ein Fahrrad. Nimm einen Zettel und notiere deine Gedanken. Was hast du geschrieben?

A) Eine Liste mit Fakten über das Rad wie Farbe, Größe, Typ, Anzahl der Gänge, Licht usw.
B) Eine Beschreibung, wohin du fahren kannst, wie du an einen gewünschten Ort kommst, was Radfahren für ein guter Sport ist usw.

5 Denk an einen Freund, der zu dir mit einem Problem kam. Hast du …

A) … ihm geholfen, indem du das Problem gelöst hast?
B) … ihn nach seinem Befinden gefragt, Anteilnahme gezeigt, den Arm um ihn gelegt und ihn aufzumuntern versucht?

6 Ein Freund bittet dich, seine Hausaufgaben zu kontrollieren …

A) Machst du Verbesserungsvorschläge, damit er eine gute Note bekommt?
B) Sagst du ihm, was dir gefällt und er gut gemacht hat?

7 Wie sieht es in deinem Kleiderschrank aus?

A) Sauber und ordentlich – alles hat seinen Platz und alles ist an seinem Platz.
B) Ein bisschen chaotisch. Du weißt als Einziger, wo alles ist.

8 Wenn du Hausaufgaben machst ...

A) Planst du sie erst und löst sie dann vollständig?
B) Wartest du bis zum letzten Moment, weil du dann am besten arbeiten kannst?

ERGEBNISSE

HAST DU „A“ GEWÄHLT: Du neigst eher zu Extraversion (E). Du ziehst Kraft aus der Gemeinschaft und verbringst gern so viel Zeit wie möglich mit anderen.

HAST DU „B“ GEWÄHLT: Du neigst eher zu Introversion (I). Du ziehst Kraft daraus, Dinge allein zu überdenken – vielleicht bist du daher gern allein.

Typ E ist gesellig und möglicherweise frustriert, weil **Typ I** lieber allein ist, anstatt etwas zu unternehmen. Ebenso macht es **Typ I** nervös, wenn **Typ E** seine Gedankengänge unterbricht, weil **Typ E** seine Ideen lieber bespricht.

HAST DU „A“ GEWÄHLT: Du neigst eher zu **Sensorik** (S). Vielleicht bevorzugst du Hausaufgaben mit klaren Anweisungen und merkst dir gern Details und Fakten.

HAST DU „B“ GEWÄHLT: Du neigst eher zu **Intuition** (N). Vielleicht siehst du gern ein Beispiel der Hausaufgabe, träumst in den Tag und lässt die Fantasie spielen.

Typ S merkt sich viele Details, was **Typ N** möglicherweise verblüfft. **Typ N** hat erstaunliche Ideen, sodass sich **Typ S** fragt, wo er die herhat. Die beiden Typen sollten zusammenarbeiten. Denn dann entgeht ihnen kein Detail und sie setzen ihre Vorstellungskraft ein.

HAST DU „A“ GEWÄHLT: Du neigst zum **Denken** (D). Du gehst beim Entscheiden logisch vor.

HAST DU „B“ GEWÄHLT: Du neigst zum **Fühlen** (F). Du beziehst in Entscheidungen die Standpunkte anderer ein.

Typ D gilt bei anderen als der, der immer gute Fragen stellen. **Typ F** gilt oft als umsichtig. Wenn man in einer Gruppe ein Problem lösen oder eine Entscheidung treffen muss, sind beide Persönlichkeitstypen nützlich.

HAST DU „A“ GEWÄHLT: Du neigst zum **Organisieren** (O). Du gehst gern geplant und geordnet vor.

HAST DU „B“ GEWÄHLT: Du neigst zum **Anpassen** (A). Du lässt dich gern treiben und passt dich der Situation an.

Typ O trifft Entscheidungen so früh wie möglich, plant im Voraus und holt alle benötigten Informationen vorher ein. **Typ A** hält sich alle Optionen offen und entscheidet spontan, was er tut. Er setzt sich mit neuen Informationen erst auseinander, wenn sie vorliegen.

BERUFSWAHL

Menschen lassen sich bei der Berufswahl von Vorlieben leiten. Das heißt nicht, dass man nicht auch in anderen Berufen arbeiten kann – es zeigt nur, dass Menschen mit bestimmten Vorlieben gut zu bestimmten Berufe passen. Diese Liste mit den Buchstaben vom Test zeigt einige der Berufe, für die die einzelnen Persönlichkeitstypen geeignet wären.

ISDA	Polizist, Trainer
ISFA	Therapeut, Tanzlehrer
INFA	Romanautor, Übersetzer
INDA	Universitätsprofessor, Psychologe
ESDA	Kriminalbeamter, Bauer
ESFA	Krankenschwester, Feuerwehrmann
ENFA	Sozialarbeiter, Autor
ENDA	Lektor, Tierarzt
ESDO	Armeeoffizier, Manager
ESFO	Zahnarzt, Lehrer
ENFO	Rechtsanwalt, Schauspieler
ENDO	Manager, Berater
ISDO	Flugzeugmechaniker, Finanzexperte
ISFO	Innenarchitekt, Sprechtherapeut
INFO	Museumskurator, Architekt
INDO	Chemiker, Hochschuldozent

EMOTIONALE INTELLIGENZ

Wir stellen uns das Gehirn oft als Organ vor, dass nur für das Denken verantwortlich ist. Aber es ist ebenso wichtig für die Erzeugung von GEFÜHLEN.

Deine freudigen oder traurigen Gedanken entstehen im Gehirn. Unentwegt steigen solche Gefühle (Emotionen) aus den Tiefen des Gehirns auf, färben – selbst im Traum – jeden Moment ein und beeinflussen den ganzen Körper.

Die stärksten Emotionen sind die ***Urtriebe****, die uns Gefahren meiden und Bedürfnisse erfüllen lassen.*

Emotionen

Emotionen sind intensive Gefühle wie Wut und Freude, die tief aus dem Inneren aufsteigen. Sie beeinflussen nicht nur das Gehirn, sondern den ganzen Körper und unser Handeln. Denn die Grundemotionen sind mit primitiven Überlebensinstinkten verwandt.

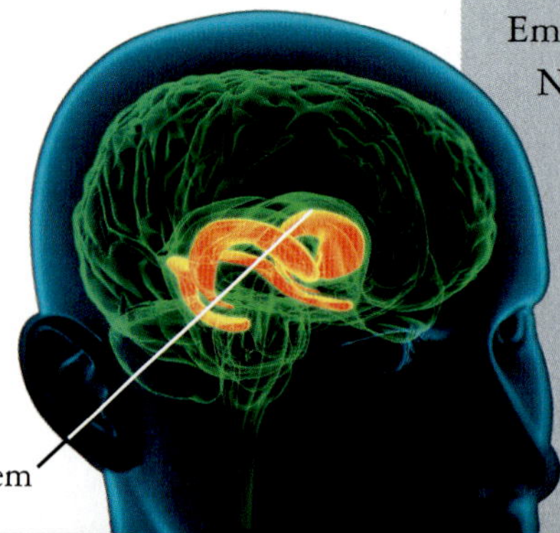

Woher kommen unsere Emotionen?

Emotionen entstehen im limbischen System, einer Ansammlung von Strukturen tief unter der Großhirnrinde. Es arbeitet meist unbewusst und erzeugt Triebe, die uns Gefahren meiden und Chancen ergreifen lassen. Intensive Emotionen wirken auf das ganze Nervensystem und andere Hirnregionen. Dadurch werden sie uns bewusst, obwohl wir ihre Ursache nicht immer kennen. Emotionen haben große Auswirkungen auf unser Denken und beeinflussen Entscheidungen, auch wenn wir objektiv und logisch sein wollen.

Das sind die sechs Grundemotionen. Sie sind überall auf der Welt gleich. Das zeigt, dass sie in unserem neuronalen Schaltkreis fest verankert und durch die Gene angeboren sind. Sie treten automatisch auf, und obwohl wir sie nicht verhindern können, können wir sie mit zunehmendem Alter kontrollieren oder sogar verbergen.

FREUDE

Echte Freude erkennt man an den Lachfältchen um die Augen (Krähenfüße). Lächeln bezieht das ganze Gesicht ein und lässt die Wangen hervortreten.

ÜBERRASCHUNG

Ist man überrascht, reißt man die Augen auf, zieht die Augenbrauen hoch und die Stirn kraus. Manchmal klappt einem auch der Kiefer hinunter.

EKEL

Bei Ekel rümpft man die Nase, verzieht den Mund und kneift die Augen zusammen. Der Anblick kann auch beim Betrachter ein Ekelgefühl auslösen.

Stimmungen

Emotionen sind meist kurzlebig und verblassen, wenn Körper und Gehirn wieder im Normalzustand sind. Hält sich eine Emotion stunden- oder tagelang im Hintergrund, nennt man sie Stimmung. Stimmungen sind vager als Emotionen: Man ist gut oder schlecht gelaunt, aber nicht „überrascht“ oder „angewidert“ gelaunt. Hält eine schlechte Stimmung wochen- oder monatelang an, kann sie Anzeichen einer Depression sein.

Komplexe Emotionen

Neben den sechs unten gezeigten Grundemotionen gibt es Dutzende komplexere Emotionen wie Argwohn, Verlegenheit, Enttäuschung, Schuld, Stolz, Neid und Liebe. Die meisten hängen mit der Komplexität des menschlichen Miteinanders zusammen. Durch viele wissen wir instinktiv, wem wir vertrauen und wen wir meiden sollten.

Weinen

Durch Weinen zeigen wir Trauer und bitten um Hilfe. Psychologen wissen nicht genau, warum Menschen – soweit bekannt als einzige Spezies – diese Fähigkeit entwickelt haben. Vielleicht, weil Weinen ein ehrliches Signal ist. Es ist sehr schwierig, Tränen zu vergießen, wenn man nicht wirklich traurig ist.

Kannst du die Emotionen der Menschen in deinem Umfeld erraten?

WUT

Starrt dich jemand mit gesenkten Augenbrauen, verkniffenem Mund oder gefletschten Zähnen an, steckst du in Schwierigkeiten.

ANGST

Offener Mund und hochgezogene Augenbrauen deuten auf Überraschung. Kommen erweiterte Pupillen, eine gerunzelte Stirn und gespannte Lippen hinzu, hat man Angst!

TRAUER

Je trauriger eine Person ist, umso kleiner werden die Pupillen – das geschieht auch beim Anblick einer traurigen Person.

Die Jugend kann eine *turbulente* Zeit für das Gehirn sein. Aus einem verworrenen Geflecht von Verknüpfungen entwickelt sich ein effizientes Netz von **DATENAUTOBAHNEN**.

Im Gehirn JUGEND

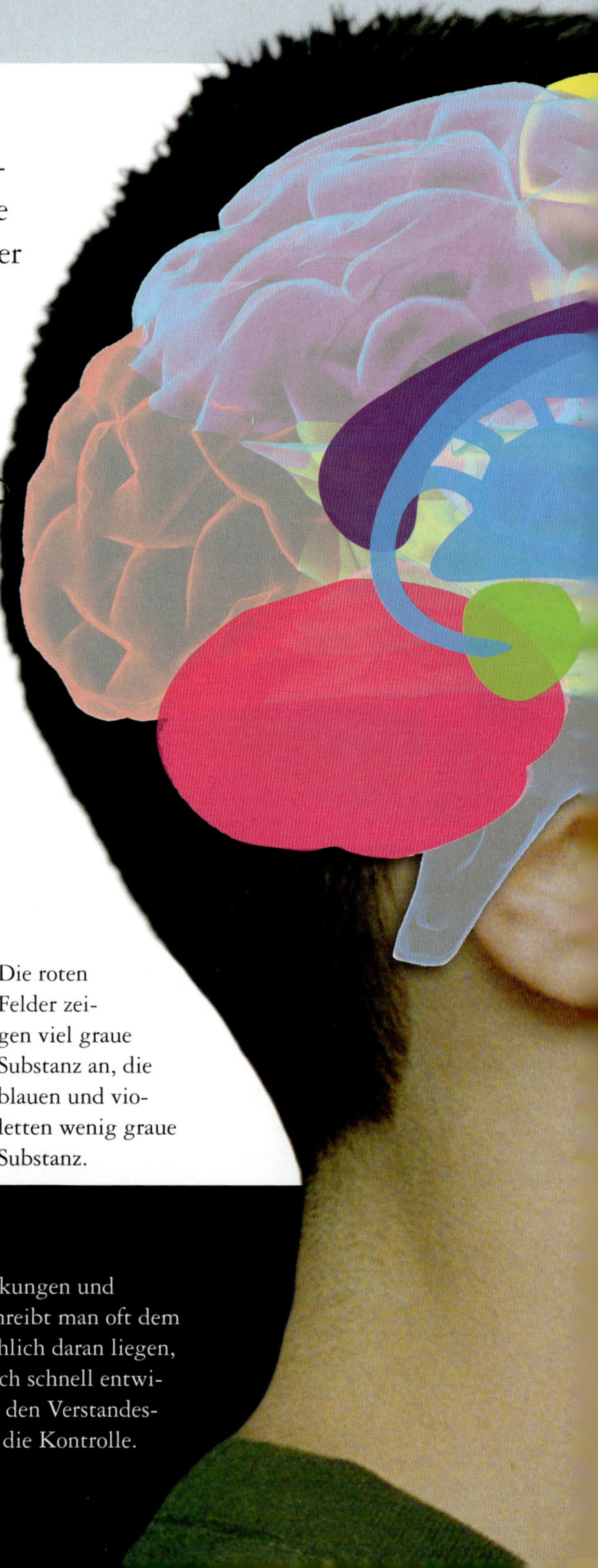

DAS GEHIRN „STUTZEN“

In der frühen Kindheit formieren sich Millionen neuer Schaltkreise in der grauen Substanz des Gehirns, wenn sich Neurone miteinander zu einem verworrenen Geflecht verknüpfen. In der späten Kindheit und Jugend werden nicht länger gebrauchte Nervenverbindungen in der grauen Substanz abgebaut.

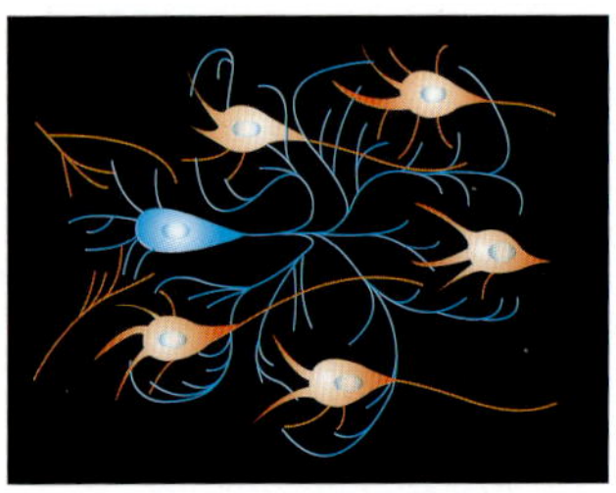

Phase 1: Synaptisches Wachstum

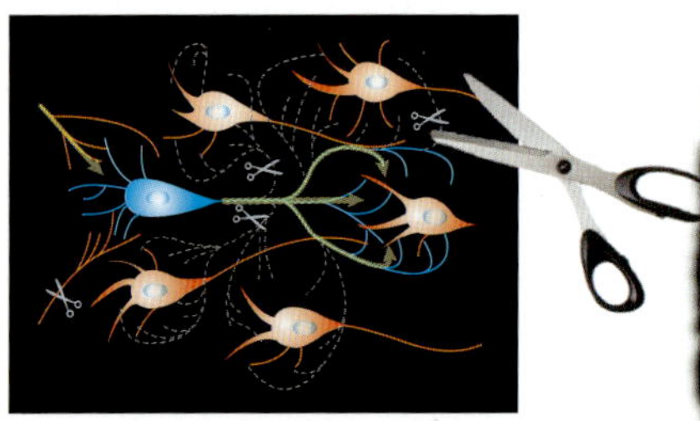

Phase 2: Abbau

Was nicht benutzt wird, geht verloren

In einer bestimmten Phase werden einige Nervenverbindungen durch in der Jugend erlernte Aktivitäten verstärkt und unbenutzte abgebaut. Übrig bleibt ein effektives Gehirn mit weniger grauer und mehr weißer Substanz. Und es ist voll schneller, auf die Tätigkeiten optimierter Datenautobahnen.

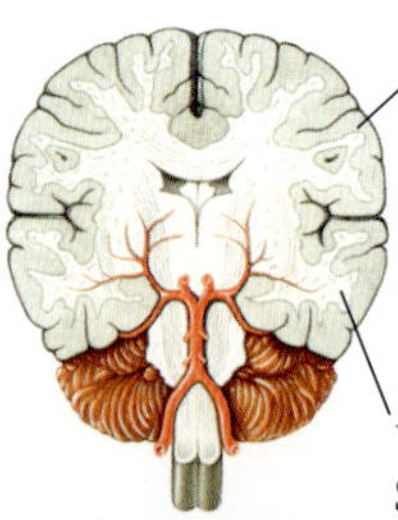

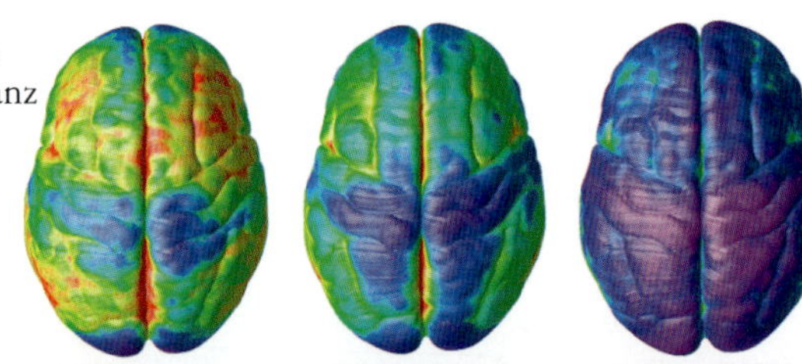

13 Jahre alt · 15 Jahre alt · 18 Jahre alt

Die roten Felder zeigen viel graue Substanz an, die blauen und violetten wenig graue Substanz.

Launisches Gehirn

Jugendliche neigen zu extremen Stimmungsschwankungen und unüberlegtem oder aggressivem Verhalten. Das schreibt man oft dem Hormonanstieg zu. Doch es könnte hauptsächlich daran liegen, dass sich die Hirnregionen unterschiedlich schnell entwickeln. Die Emotionszentren reifen vor den Verstandeszentren und übernehmen manchmal die Kontrolle.

eines LICHEN

LANGSCHLÄFER
Jugendlichen fällt das Frühaufstehen schwer. Ihr Gehirn braucht nicht nur etwa zwei Stunden mehr Schlaf als das eines Erwachsenen, sondern hat auch einen anderen Tagesrhythmus. Es ist abends am aktivsten und morgens am trägsten.

PRÄFRONTALER CORTEX
Diese Hirnregion ist verantwortlich für das Planen und Entscheiden und sie reguliert Emotionen. Sie reift als letzte der Hirnregionen. Die Nervenverbindungen verändern sich, je nach Vorlieben und Interessen.

CORPUS CALLOSUM
Dieser Nervenstrang verbindet die linke mit der rechten Hirnhälfte. Er verdickt sich während der Jugend und ist wohl am kreativen Denken beteiligt.

BASALGANGLIEN
Diese Region gehört zum Belohnungssystem des Gehirns. Es erzeugt den Kick, den wir bei Freude und Aufregung empfinden.

MANDELKERN (AMYGDALA)
Das ist das emotionale Zentrum des Gehirns. Es ist mit Grundemotionen wie Angst und Wut verbunden und macht Jugendliche impulsiv.

KLEINHIRN
Das Kleinhirn ist für die Körperbeherrschung verantwortlich und wohl auch an Gedankensteuerung und Lernen beteiligt.

Einfach hemmungslos

Mit 14 ist man am wagemutigsten. Das könnte daran liegen, dass die Basalganglien eines 14-Jährigen voll funktionsfähig sind und für einen Kick beim Abenteuer sorgen. Der präfrontale Cortex (der Entscheidungen kontrolliert) reift hingegen noch und wirkt nicht als Bremse. Ohne nüchternes Urteilsvermögen gehen manche Jugendliche verrückte Risiken ein.

Ungeschicktes Gehirn

Der jugendliche Körper kann schwer beherrschbar sein. Beine und Arme wachsen so schnell, dass das Kleinhirn deren Koordination erneut lernen muss und man ungeschickt wirkt. Forscher glauben, dass das unterentwickelte Kleinhirn auch die geistige Geschicklichkeit Jugendlicher hemmen kann und zu Versprechern und Vergesslichkeit führt.

Das *Belohnungssystem* des Gehirns

TIEF IM GEHIRN liegt ein Neuronennetz, das *Glücksgefühle* erzeugt. Diese Neuronen bilden das Belohnungssystem des Gehirns und belohnen Handlungen, die das Überleben sichern, mit einem natürlichen Hochgefühl.

WIE DER KICK ENTSTEHT

Ziel des Belohnungssystems ist hauptsächlich, Überleben und Fortpflanzung zu sichern. Wenn wir dem Nahrungs- und Fortpflanzungstrieb nachgeben, werden wir mit einem Hochgefühl belohnt. Das bestärkt uns in unserem Handeln. Das Glücksgefühl entsteht größtenteils durch Dopamin. Dopamin ist ein Neurotransmitter – ein chemischer Botenstoff, der bei der Weiterleitung von Signalen den winzigen Spalt zwischen den Neuronen überbrückt.

DOPAMINKREISLAUF

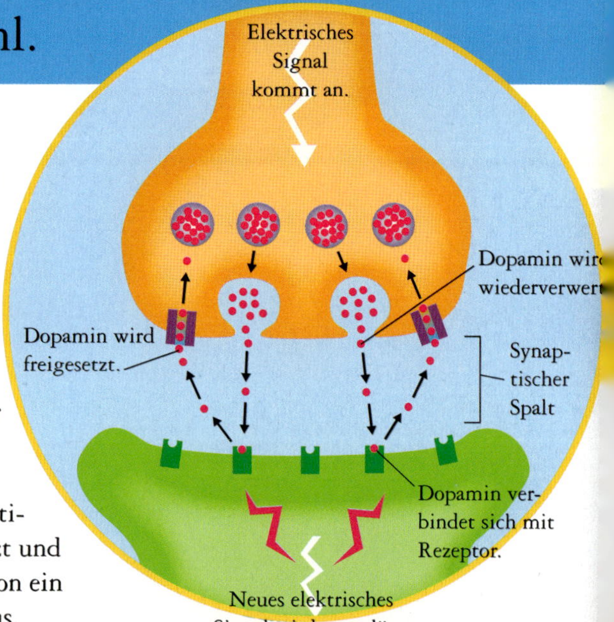

Dopamin wird vom Neuron in den synaptischen Spalt freigesetzt und löst im Nachbarneuron ein elektrisches Signal aus.

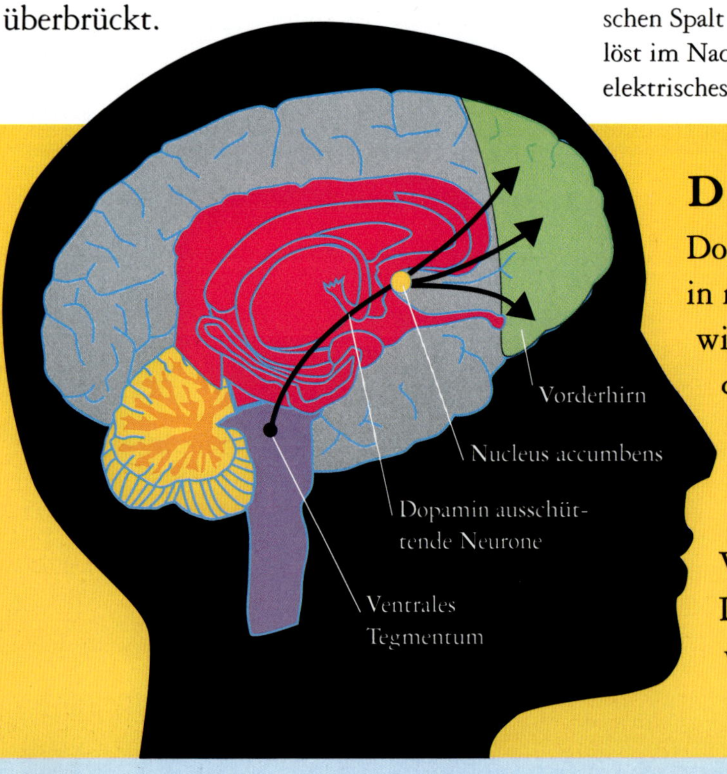

DER WEG ZUM GLÜCK

Dopamin ausschüttende Neurone sind im Gehirn in mehreren Hauptpfaden angeordnet. Einer wird hier gezeigt. Er beginnt tief im Inneren des Gehirns. Dort bilden Zellkörper dieser Neurone Ansammlungen in Regionen wie dem ventralen Tegmentum. Die Axone (Fortsätze) der Neurone ziehen sich bis ins Vorderhirn und versorgen die Hirnzentren mit Dopamin. So entsteht das von uns bewusst wahrgenommene Glücksgefühl.

Es wird langweilig Ältere Menschen sind scheinbar weniger erregbar als jüngere. Forscher entdeckten, dass ältere Menschen bei neuen Erfahrungen weniger Dopamin produzieren – vielleicht suchen sie deshalb weniger Nervenkitzel!

Dopaminsüchtig

In den 1950er-Jahren implantierten Forscher zur Untersuchung des Belohnungssystems Elektroden in das Gehirn lebender Ratten. Die Tiere konnten durch Knopfdruck die Dopaminausschüttung anregen. Die Ratten wurden so süchtig danach, dass sie zu essen vergaßen und so lange drückten, bis sie verhungert waren. Das zeigte, dass das Belohnungssystem ein Verhalten derart bestärkt, dass es zur SUCHT führen kann.

Suchtrituale

Das Gehirn schüttet bereits in Erwartung eines Glücksgefühls Dopamin aus. Diese Vorfreude kann schon süchtig machen. Koffeinsüchtige entwickeln manchmal ein ausgeklügeltes Zubereitungsritual, vom Mahlen der Bohnen bis zum Gebrauch besonderer Kaffeemaschinen. Durch das Ritual wird Dopamin schon vor dem ersten Schluck Kaffee freigesetzt.

Belohnungsstoffe

Dopamin ist nicht der einzige Neurotransmitter, der Glücksgefühle auslöst. Viele andere sorgen neben weiteren Aufgaben dafür, wie glücklich oder aufgeregt wir sind.

Dopamin
- Freude
- Aufregung
- Schmerz
- Übelkeit

Serotonin
- Glück
- Müdigkeit
- Sättigung

Endorphin
- Schmerzlinderung
- Entspannung

Noradrenalin
- Wachsamkeit
- Aufregung
- Angst

Oxytocin
- Liebe

ZU VIEL DES GUTEN

Illegale und legale Drogen machen u. a. deshalb süchtig, weil sie sich ähnlich wie die Elektroden im Gehirn der Ratten (siehe oben) in den Dopaminkreislauf einklinken. Je öfter das geschieht, umso schwächer ist die Dopaminwirkung, daher nimmt ein Süchtiger immer größere Mengen. Das Gleiche geschieht bei Junkfood. Forscher entdeckten, dass Ratten bei uneingeschränktem Verzehr fetthaltiger Nahrung süchtig werden und immer mehr wollen, weil die Dopaminausschüttung im Gehirn nachlässt. Das könnte auch die Ursache der Fettleibigkeit bei Menschen sein.

Ungebremst!

Abenteurer lieben gefährliche Freizeitaktivitäten wie mit einem Fallschirm von der Klippe zu springen. Einer Theorie zufolge liegt das u. a. daran, dass diese Menschen ungewöhnliche Dopaminneurone haben. Bei den meisten Menschen wird die Menge des freigesetzten Dopamins von besonderen Proteinen reguliert. Diese Proteine werden Autorezeptoren genannt und hemmen das Belohnungssystem und die Dopaminausschüttung. Abenteurer haben jedoch weniger Autorezeptoren. Daher ist der Dopaminkick bei ihnen größer und führt schneller zu Abhängigkeit.

Was gibt's denn

Du weißt, wann deine Freunde lachen. Aber würdest du das Gelächter eines Volksstamms auf der anderen Seite der Welt erkennen? Ja. Anders als Sprache ist Lachen ein universales Kommunikationsmittel und ein Grundinstinkt, den alle Menschen teilen. **Lachen wirkt Wunder** auf die Stimmung. Es versorgt das Gehirn mit mehr Blut und schüttet schmerzlindernde Endorphine aus, durch die man sich gut fühlt.

Der ***Lachinstinkt*** ist durch die Gene im Gehirn programmiert. Warum haben wir ihn entwickelt? Vielleicht, weil wir mit 30-mal höherer Wahrscheinlichkeit in geselligen Runden lachen als allein. Lachen ist ein Kommunikationsmittel – wir senden damit anderen in unserer sozialen Gruppe ein starkes positives Signal.

Tierische Witzbolde

Nicht nur Menschen lachen. In sozialen Gruppen lebende Tiere – wie Schimpansen, Orang-Utans und Hunde – stoßen beim Herumtollen lachähnliche Laute aus. Anders als Menschen lachen Tiere im Einklang mit den Atemzügen. Wir zerstückeln beim Lachen den Ausatmer in mehrere Luftstöße.

Der lustigste Witz der Welt

Dem britischen Psychologen Richard Wiseman zufolge, der mehr als 40 000 Witze aus aller Welt auf ihre Beliebtheit untersucht hat, ist das der lustigste Witz der Welt:

WAS IST SO LUSTIG?

Wir alle lachen über einen guten Witz und manchmal auch über einen schlechten. Aber wodurch wird etwas lustig? Psychologen sind unserem Sinn für Humor auf den Grund gegangen. Hier sind ihre besten Theorien darüber, was wir komisch finden …

THEORIE 1: **INKONGRUENZ**

Der Lehrer fragt Fritz: ***„Wozu gehört der Wal?"*** Fritz: ***„Zu den Säugetieren."*** Lehrer: ***„Richtig. Und die Forelle?"*** Fritz: ***„Zu Bratkartoffeln."***

Bei den meisten Witzen geht es um Inkongruenz, also um etwas Deplatziertes und Unerwartetes. Bei dieser Form wird zunächst eine Normalsituation beschrieben. Durch die Pointe bekommt sie eine Wendung, die alles auf den Kopf stellt und so überraschend ist, dass wir lachen müssen.

hier zu LaChen?

Lachen und Bindung

Durch Lachen werden soziale Bindungen gestärkt. Die meisten Primaten gehen Bindungen durch Fellpflege ein. Menschen sind anders – wir nutzen Gespräche und Lachen. Studien zeigen, dass die mächtigste Person einer Gruppe am häufigsten scherzt, vielleicht um Loyalität einzufordern. In schwierigen Situationen kann Lachen Spannung und Ärger abbauen oder eine peinliche Stille überbrücken.

Die Kehrseite

Auch das Lachen hat eine Kehrseite. Obwohl es gewöhnlich ein Ausdruck der Freude ist, kann es auch Aggression ausdrücken. Insgeheim über einen Dritten zu lachen, ist eine Form der Ausgrenzung. Öffentlich über jemanden Witze zu reißen, ist eine Form der Erniedrigung und Autoritätsuntergrabung. Ein unkontrollierbarer Lachanfall kann in sehr seltenen Fällen sogar zu einem tödlichen Herzinfarkt führen.

Bist du kitzlig?

Sich selbst zu kitzeln, funktioniert nicht. Man muss nur lachen, wenn andere einen kitzeln, denn Kitzeln ist wie Scherzen eine Form der Kommunikation. Einige Forscher glauben, dass sich das Kitzeln aus den für viele Säugetiere typischen spielerischen Kämpfen entwickelt hat.

Zwei Jäger sind im Wald, als einer zusammenbricht. Er scheint nicht mehr zu atmen und seine Augen sind glasig. Der andere zückt das Telefon und ruft den Notdienst an. „Ich glaube, mein Freund ist tot!", stößt er hervor. „Was soll ich tun?" Der Mann vom Notdienst sagt: „Beruhigen Sie sich. Vergewissern Sie sich zuerst, ob er wirklich tot ist." Stille, dann ein Schuss. Der Jäger sagt: „Gut, und jetzt?"

THEORIE 2: **ÜBERLEGENHEIT**

Eine Frau geht mit einer Ente ins Café und setzt sie neben sich auf einen Stuhl. Der Kellner kommt und sagt: ***„So ein hässliches Schwein habe ich noch nie gesehen."*** Die Frau antwortet: ***„Das ist eine Ente, kein Schwein."*** Darauf der Kellner: ***„Ich habe mit der Ente geredet."***

Bei vielen Witzen wird jemand lächerlich gemacht. Psychologen zufolge finden wir das komisch, weil wir uns einen Moment lang überlegen fühlen. Das tut so gut, dass wir lachen müssen.

THEORIE 3: **ERLEICHTERUNG**

Man schaut einen Gruselfilm: Ein Mädchen ist abends allein im Zimmer und kämmt sich. Es ist so still, dass man alles hören kann, auch die leisen Schritte hinter ihr. Eine Hand legt sich auf ihre Schulter, das Mädchen schreit – doch es ist nur ihre Mutter! Der Erleichterungstheorie zufolge lachen wir nach einem Gefahrenmoment, um uns gegenseitig zu versichern, dass es nichts zu befürchten gibt.

FRAGEN

Macht Geld glücklich?

Das hängt davon ab, wem man Glauben schenkt. Wirtschaftswissenschaftler meinen, dass sich mit steigendem Einkommen auch der Lebensstandard und die Zufriedenheit steigern. Doch Studien zeigen, dass der wachsende Wohlstand in den USA nicht zu nachhaltigem Glück geführt hat. Psychologen glauben, dass es einen kurzzeitig glücklich machen kann, mehr Geld als vorher zu haben oder mehr als die Nachbarn.

Wo leben die glücklichsten Menschen?

Ein Psychologe untersuchte Tausende Menschen weltweit und erstellte danach die „Weltkarte des Glücks". Seine Forschung zeigte, dass man in wohlhabenden Ländern glücklicher ist, aber Glück eher in Verbindung mit Gesundheit als mit Geld steht und gute Bildung ebenso wichtig wie Wohlstand ist. Auch arme Länder landeten weit vorn wie Bhutan als achtglücklichstes Land – vielleicht aufgrund eines starken Gemeinschafts- und Nationalgefühls. Der Studie zufolge ist Dänemark das glücklichste Land.

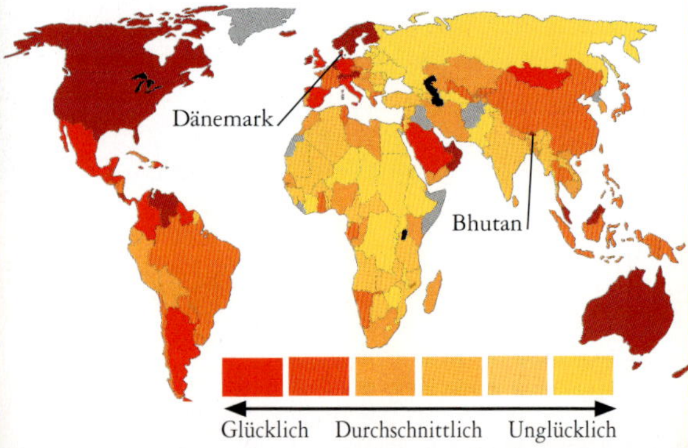

Was macht uns

GLÜCK ist wie ein *Sonnenstrahl* im Gehirn, aber wie es zustande kommt, ist immer noch ein Rätsel. Ist das Glück uns mit den Genen in die Wiege gelegt? Hängt es von Zufallsfaktoren ab? Oder sind wir selbst unseres Glückes Schmied?

GLÜCKSFORSCHUNG

Einer Studie von Psychologen zufolge werden 50 % der Lebensfreude eines Menschen von den Genen bestimmt. Also kommen einige Glückspilze wohl mit einem sonnigen Gemüt zur Welt! 10 % der Lebensfreude hängen von kaum beeinflussbaren Umständen ab, wie Alter, Wetter, wo wir leben, mit wem wir unser Zuhause teilen. Die übrigen 40 % können wir durch alltägliche Entscheidungen – etwa wie wir die Freizeit verbringen oder andere Menschen behandeln – beeinflussen. Woher wissen wir, dass Glück größtenteils genetisch bedingt ist? Eineiige Zwillinge, die adoptiert wurden und getrennt aufwuchsen, sind trotz unterschiedlicher Umstände ähnlich glücklich.

Zehn Schritte zum Glück

Der US-amerikanische Psychologe und Glücksforscher Professor David Myers glaubt, dass 10 einfache Schritte zu mehr Lebensfreude führen:

1. Erkennen, dass anhaltendes Glück nicht durch Wohlstand kommt.
2. Seine Zeit selbst einteilen.
3. Glücklich handeln – die Handlung löst die Emotion aus.
4. Einer Beschäftigung nachgehen, die einen in den „Flow" bringt.

glücklich? :-)

UNGLÜCKLICH GEBOREN?

Wenn man glücklich oder unglücklich geboren wird, bleibt man dann das ganze Leben so? Keinesfalls. Die Gene bestimmen unsere Lebensaussichten nicht, sondern beeinflussen sie nur (wenn auch in hohem Maße). Anders ausgedrückt: Wenn man als Miesepeter geboren wird, ist es nicht sicher, dass man so bleibt, nur wahrscheinlich. Das ist doch eine gute Nachricht, also Kopf hoch!

10 % sind purer Zufall.

DENKEN HILFT

Der britische Psychologe Richard Wiseman erforschte in einer Studie, ob einfache Strategien zu mehr Lebensfreude führen. Er teilte 26 000 Menschen willkürlich in fünf Gruppen ein und gab jeder Gruppe eine der folgenden, täglichen Aufgaben: Lächeln – Dankbarkeit für das Gute im Leben ausdrücken – eine gute Tat vollbringen – an etwas Schönes vom Vortag denken – einfach so an den Vortag denken. Bei der Gruppe, die an ein schönes Erlebnis vom Vortag dachte, steigerte sich das Glücksgefühl am meisten. Eine gute Tat zu vollbringen machte weniger glücklich, als einfach an den Vortag zu denken.

40 % steuern wir selbst.

FRAGEN

Im Fluss sein

Wenn wir in einer Beschäftigung wie Gitarrespielen, Surfen oder Rechnen völlig aufgehen, bemerken wir kaum etwas um uns herum. Das ist die Theorie des ungarischen Psychologen Mihály Csíkszentmihályi. Dieser von ihm als „Flow" bezeichnete magische Zustand erfordert die richtige Kombination aus Fähigkeiten und Schwierigkeitsgrad:

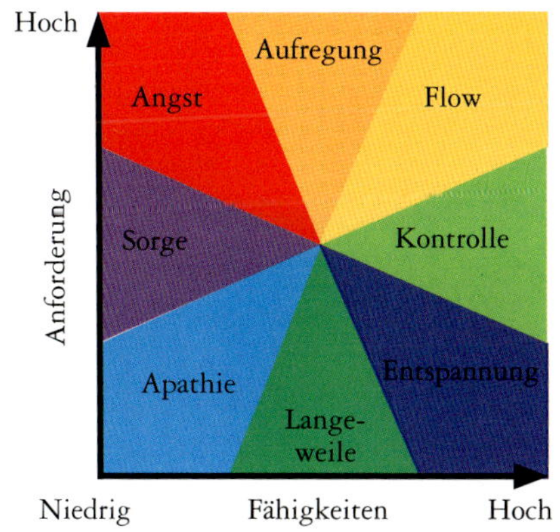

Gibt es eine Midlife-Crisis?

Forscher glauben, dass wir in der Jugend und im Alter am glücklichsten und im mittleren Alter am unglücklichsten sind. Das könnte daran liegen, dass man in dieser Zeit Beruf und Familie unter einen Hut bringen muss oder dass der Beruf nach ein paar Jahren an Spannung verliert. Aber wenigstens gibt es ein Happy End!

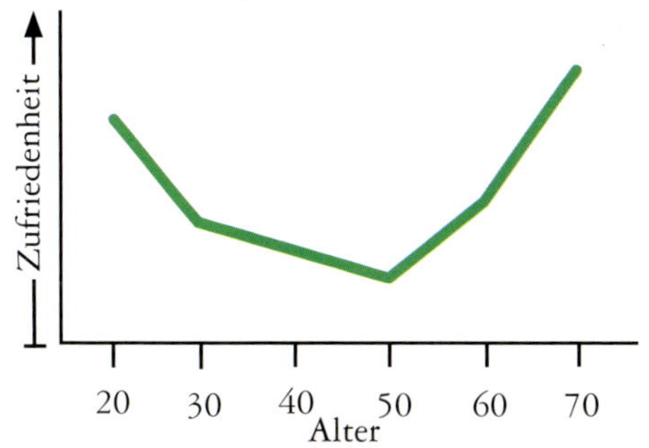

5 Körperlich aktiv sein. Durch Sport setzt das Gehirn Botenstoffe frei, die das Wohlbefinden fördern.

6 Ausreichend Schlafen. Durch Schlafmangel wird man trübsinnig und reizbar.

7 Beziehungen zu Menschen pflegen, die einen gern haben.

8 Auch anderen, nicht nur sich selbst helfen.

9 Ein Tagebuch der guten Dinge führen, die einem widerfahren sind.

10 Eine Religion ausüben. Der Glaube an etwas Höheres scheint Menschen glücklicher zu machen.

SUPERHIRN

Unser Gehirn ist ein wahres Wunder.

Es ist leistungsfähiger als ein Computer (zumindest im Moment) und kann Kunststücke vollbringen, die keinem Tiergehirn gelingen, sei es, Gedanken durch kodierte Laute (Sprache) zu übermitteln, Raumschiffe zu erfinden, herzergreifende Musik zu komponieren oder über den eigenen Ursprung nachzudenken.

DAS GEHIRN HAT ERSTAUNLICHE KRÄFTE, AUCH WENN MAN SICH DESSEN NICHT BEWUSST IST. MAN MUSS SIE NUR ZU NUTZEN WISSEN.

SPRACHE

Unser GEHIRN ist einzigartig: Die linke Hirnhälfte kümmert sich um die *Sprache* – eine Fähigkeit, die nur Menschen besitzen.

Brabbel, brabbel. Da, da, da?

BABYSPRACHE

Ein Baby reagiert schon im Mutterleib auf Sprache und kann sofort nach der Geburt die Stimme der Mutter von allen anderen Klängen unterscheiden. Mit etwa fünf Monaten beginnen Babys, in Phonemen (den Sprachlauten) zu brabbeln. In diesem Alter klingen alle Babys auf der Welt gleich. Das ändert sich mit einem Jahr. Dann beschränkt sich das Repertoire auf die in der Muttersprache gebräuchlichen Laute.

Du verstehst mich nicht!

Die Sprache bezieht mehrere Hirnregionen ein. Das Wernicke-Areal ist für das Sprachverständnis wichtig. Es verleiht dem Gehörten und Gesagten Bedeutung. Zum Sprechen brauchen wir das Broca-Areal, das für die Lautbildung zuständig ist. Babys können Sprache verstehen, bevor sie sprechen können. Es kann sie sehr wütend machen, dass sie sich nicht mit Worten ausdrücken können.

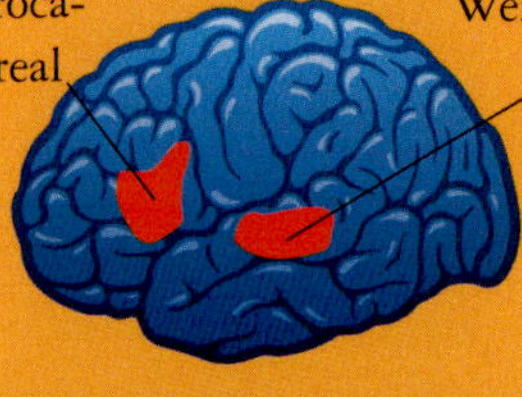

DIE BOTSCHAFT VERMITTELN

Sprache ist das wichtigste Kommunikationsmittel. Aber man kann sich mit den vielfältigsten Mitteln verständlich machen.

Einen Text auf Papier oder am Bildschirm zu lesen, ist eine übliche Lernmethode.

Gesichtsausdruck und Körpersprache verraten die Gedanken einer Person.

Universal-grammatik

Der amerikanische Linguist Noam Chomsky entwickelte die Theorie der „Universalgrammatik“. Ihm fiel auf, dass Kinder weltweit die komplexen Sprachregeln (Grammatik) erlernen, sobald sie mit Sprache in Berührung kommen. Daher, so folgerte er, müssen uns die Sprachprinzipien angeboren sein.

Kinder lernen eine Zweitsprache leichter als Erwachsene. Die „kritische Phase“ für den Spracherwerb endet zwischen 13 und 20 Jahren. Später beherrscht man vielleicht die Sprache, nicht aber den Akzent.

Kinder, die in einem zweisprachigen Haushalt aufwachsen, erlernen mühelos beide Sprachen. Es wird ihnen auch später leichter fallen, weitere Sprachen zu lernen.

Wie viele Sprachen sprichst du?

Hirntomografien zeigen, dass Menschen, die zwei Sprachen gleichzeitig lernen, dieselbe Hirnregion zum Sprechen und Verständnis der Sprachen einsetzen. Lernt man erst später im Leben eine Zweitsprache, nutzt man dafür verschiedene Hirnregionen.

Was nicht benutzt wird, geht verloren

Die Funktion ungenutzter Hirnregionen kann für immer verloren gehen. In den 1960er-Jahren wurde in den USA ein Mädchen namens Genie von ihren Eltern eingesperrt und konnte mit niemandem reden. Als sie 13 war, kam sie frei, lernte aber nie richtig sprechen. Genie hatte vielleicht schon immer Lernschwierigkeiten. Doch einige Forscher glauben, dass sie keine Sprache lernte, weil sich die ungenutzten Hirnregionen nicht mehr entwickeln konnten.

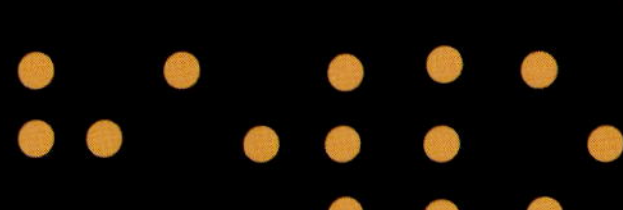

Die *Brailleschrift* besteht aus Punktmustern, die Buchstaben repräsentieren und von Blinden ertastet werden.

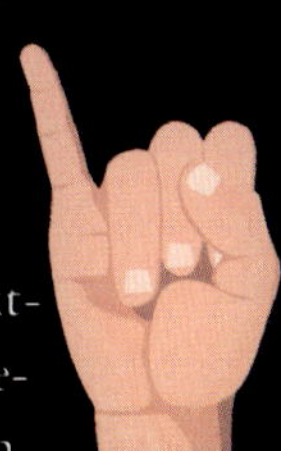

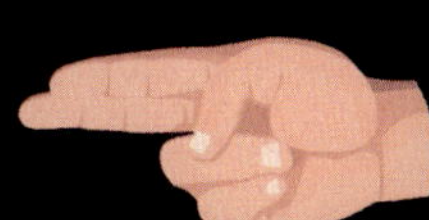

Gehörlose verständigen sich mit *Zeichensprache* oder lesen von den Lippen.

Wie funktioniert dein *Gedächtnis?*

Unser hoch strukturiertes Gedächtnis speichert Wissen und Erlebnisse, ganz gleich, ob wir uns daran erinnern oder nicht. Das KURZZEITGEDÄCHTNIS speichert Gesehenes, Gehörtes und Gedanken kurzzeitig, das LANGZEITGEDÄCHTNIS speichert, was wir nie vergessen werden.

KURZZEITGEDÄCHTNIS

Kurzzeiterinnerungen sind flüchtig, damit sie das Gehirn nicht überladen. Das zum Kurzzeitgedächtnis gehörende „Arbeitsgedächtnis“ funktioniert wie ein Notizblock. Dort speichert das Gehirn Informationen aus den Sinnen nur so lange, wie sie benötigt werden. Eine Telefonnummer wird beispielsweise als Klangvorstellung gespeichert, die sich der Kopf immer wieder vorsagt, um sie präsent zu halten. Sobald wir die Nummer gewählt haben, verblasst die Erinnerung.

Nur wenige Menschen erinnern sich

Die magische Zahl

Das Langzeitgedächtnis ist riesig, das Kurzzeitgedächtnis winzig. Die meisten können sich nur *sieben* „Informationseinheiten“ kurzzeitig einprägen. Eine Telefonnummer mit mehr als sieben Stellen lässt sich schlecht merken. Aber man kann die Information geschickt aufteilen. „18 12 11“ (drei Einheiten) ist leichter zu behalten als „181211“ (sechs Einheiten).

Auf der Zunge

Manchmal scheint uns ein entfallenes Wort gleich wieder einzufallen, es liegt uns quasi auf der Zunge. Eine Erklärung dafür ist, dass die Verknüpfung zwischen der Erinnerung des Wortes und unterstützenden Erinnerungen im Gehirn beschädigt oder wie eine Straße verstopft ist. Mit ein wenig Anstrengung finden wir gewöhnlich einen „Umweg“ und erinnern uns an das Wort.

Hier riecht es doch wie …?

Hat dir ein Geruch schon einmal einen Ort plötzlich wieder ins Gedächtnis gerufen? Gerüche können starke Erinnerungen auslösen. Das liegt daran, dass das Geruchszentrum des Gehirns neben dem Hippocampus (dem Tor zum Gedächtnis) und dem Mandelkern (dem Emotionszentrum) liegt. Daher kann ein Geruch gleichzeitig eine Erinnerung und Emotionen auslösen.

LANGZEITGEDÄCHTNIS

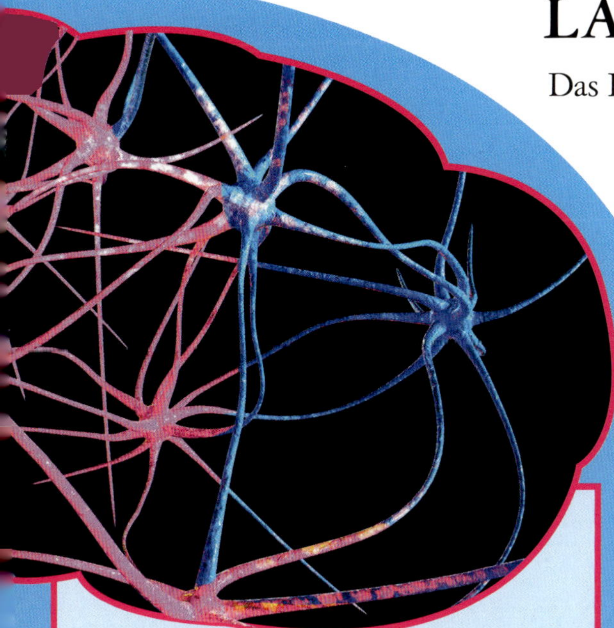

Das Langzeitgedächtnis kann Fakten, Menschen und vergangene Erlebnisse, ein Leben lang speichern. Es ist vom Kurzzeitgedächtnis getrennt. Das wissen wir dank der Untersuchung von Menschen mit Amnesie (Gedächtnisschwund): Einige erinnern sich an die Vergangenheit, aber nicht an Neues. Andere haben ein perfektes Kurzzeitgedächtnis, aber erinnern sich nicht an Vergangenes.

Woraus bestehen Erinnerungen?

Das Gedächtnis ist ein Netz aus Verbindungen zwischen Gehirnzellen. Wenn man etwas erlebt, feuern bestimmte Gehirnzellen zur gleichen Zeit, sodass sie lernen, zusammen zu feuern und sich verbinden. Wenn man sich an das Erlebnis erinnert, feuern dieselben Zellen wieder und erzeugen das gleiche Empfinden wie beim Abspeichern der Erinnerung.

Das Tor zum Gedächtnis

Das Gesehene, Gehörte oder Gelernte kommt vom Kurzzeitgedächtnis durch den Hippocampus, eine Art Tor, ins Langzeitgedächtnis. Das wissen wir dank des berühmten Patienten Henry Molaison („HM" genannt). Da er an einer schlimmen Epilepsie litt, entfernte man ihm bei einer Operation den Großteil des Hippocampus. Danach waren Kurzzeitgedächtnis (er konnte Kreuzworträtsel lösen) und Langzeitgedächtnis (er erinnerte sich an die Kindheit) intakt. Aber es gelangten keine Informationen mehr vom Kurz- ins Langzeitgedächtnis. Daher erinnerte er sich nicht an neue Dinge oder Personen, auch wenn er sie mehrmals täglich sah.

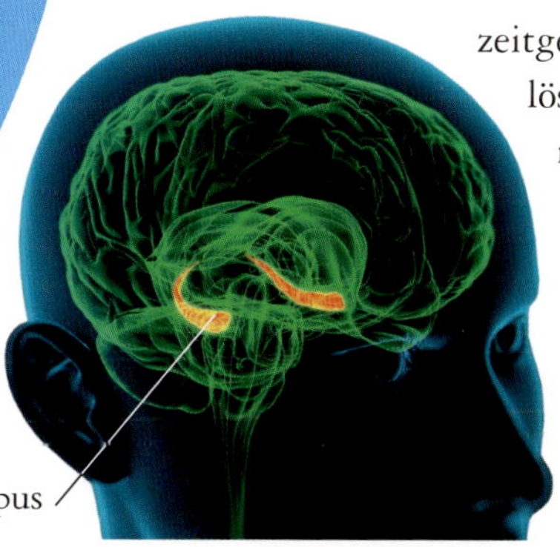

an Erlebnisse vor dem 4. Lebensjahr.

Déjà vu und Jamais vu

Da Emotion und Erinnerung verknüpft sind, fühlt sich etwas Erinnertes vertraut an. Fühlt sich etwas Unbekanntes vertraut an, nennt man es *Déjà vu* (frz. für „schon einmal gesehen"). Bei einem *Jamais vu* (frz. für „noch nie gesehen") wird etwas Bekanntes als fremd empfunden. Sagt man ein Wort 30-mal schnell hintereinander, wird es fremd und führt zu einem Jamais vu.

Schlimme Erinnerungen

Menschen mit schlimmen Erlebnissen wie einem Krieg können jahrelang an Nachhallerinnerungen leiden. Das nennt man posttraumatische Belastungsstörung (PTBS). Das Gehirn schützt uns, indem es schlechte Erinnerungen blockiert. Aber ein Schreck (etwa durch ein fehlzündendes Auto) kann die Erinnerung (Gewehrschuss) und das zugehörige schlimme Gefühl auslösen.

Kann man das Gehirn verändern?

Durch Übung lässt sich das Gehirn verbessern. Forscher entdeckten, dass Teile des Hippocampus von Taxifahrern vergrößert sind. Der Hippocampus wandelt nicht nur Kurzzeit- in Langzeiterinnerungen um, er hilft uns auch bei der Orientierung – etwas, was Taxifahrer den ganzen Tag brauchen.

SUPER *gedächtnis*

Es heißt oft, jemand habe ein *Gedächtnis wie ein Sieb*, aber das stimmt absolut nicht. Wird man 80 Jahre alt, hat man über 29 000 verschiedene Tage erlebt und kann sich doch an viele wahrscheinlich deutlich erinnern. Die meisten von uns haben ein SUPERGEDÄCHTNIS – und manche ein ganz außerordentliches.

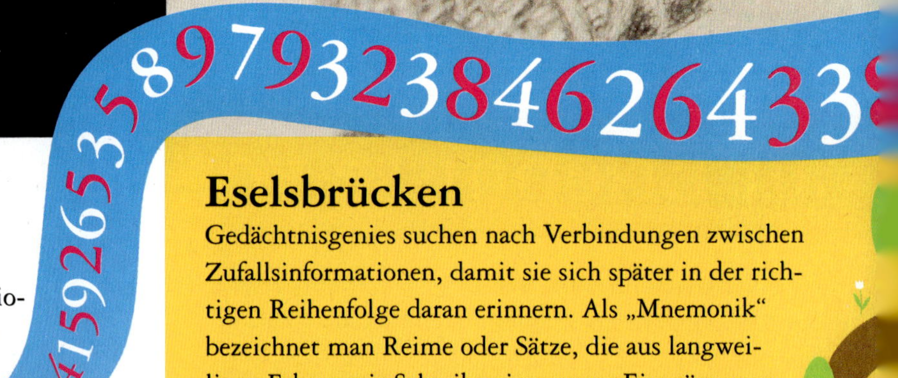

Meistergedächtnis

2005 stellte der Japaner Akira Haraguchi einen Weltrekord auf, als er die mathematische Zahl **Pi** (eine mit 3,141 beginnende, unendliche, nicht periodische Zahl) auf 83 431 Stellen genau aufsagte. Im Jahr darauf kam der 11-jährige Inder Nischal Narayanam (rechts) ins *Guinessbuch der Rekorde*, weil er sich in 12 Minuten 225 Zufallsobjekte merken und aufzählen konnte. Ein weiterer Rekord gelang ihm, als er sich eine 132-stellige Zahl in einer Minute einprägte.

Eselsbrücken

Gedächtnisgenies suchen nach Verbindungen zwischen Zufallsinformationen, damit sie sich später in der richtigen Reihenfolge daran erinnern. Als „Mnemonik" bezeichnet man Reime oder Sätze, die aus langweiligen Fakten wie Schreibweisen etwas Einprägsames machen. So kann man sich das Wort Mnemonik merken:

***M**ein **N**effe **E**rzählt **M**ir*
***O**ft **N**eues **I**n **K**ürze*

Man kann Objekte auch mit Orten verknüpfen: Stell in Gedanken Objekte an bestimmten Punkten auf einem vertrauten Weg auf. Indem du den Weg im Kopf abgehst, kannst du dich an sie erinnern.

Stephen Wiltshire

Seit dem 9. Lebensjahr zeichnet der britische Künstler Stephen Wiltshire detaillierte Städtepanoramas. Dabei arbeitet er nach seinem „fotografischen Gedächtnis". Er braucht nur einmal in einem Hubschrauber über eine Stadt zu fliegen, schon kann er sie genau auf einem 6 m langen Bild wiedergeben. Wiltshire ist Autist und konnte erst mit 9 sprechen. Aber er hat ein außergewöhnliches Gedächtnis. Mit 13 wurde er durch das Fernsehen berühmt. Heute erzielen seine Gemälde Tausende Euros.

27950288419716939...

Trainier dich zum Superhirn

Hattest du schon einmal Angst, den Stoff für eine Klassenarbeit zu vergessen? ***Keine Panik.*** Es gibt eine tolle Technik, mit der du die Gedächtnisleistung steigerst und Prüfungen zum Kinderspiel werden. Studien zeigen, dass man mehr als die Hälfte des neuen Lehrstoffs in wenigen Tagen vergessen hat. Frischt man das Gelernte aber etwa eine Woche später auf, nimmt die Gedächtnisleistung zu. Wenn man in die Klausurvorbereitung wöchentliche Wiederholungen einplant, schiebt das Gehirn das Gelernte ins Langzeitgedächtnis und speichert es so ein Leben lang. Das funktioniert mit allem, von französischen Verben bis zur Pflanzenkunde.

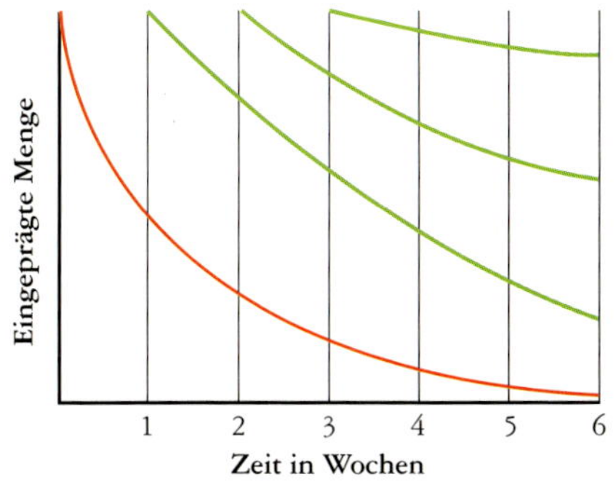

Grüne Linien: Eingeprägte Menge mit wöchentlicher Auffrischung

Rote Linie: Eingeprägte Menge ohne wöchentliche Auffrischung

Teste dein *Gedächtnis*

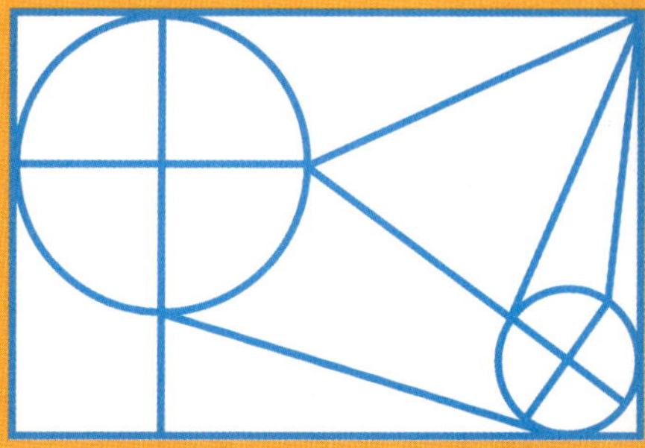

Das künstlerische Auge

SCHRITT 1: Um dein Gedächtnis für Details zu testen, sieh dir das linke Bild 2 Minuten an und zeichne es dann aus dem Gedächtnis. Gib dir danach einen Punkt für jede richtig gezeichnete Linie.

Mit diesen Spielen kannst du testen, wie gut sich dein Kurzzeitgedächtnis **Zahlen, Worte** und **Bilder** einprägt. Was merkst du dir am besten?

Bildgedächtnis

Wie ist dein Bildgedächtnis? Sieh dir die 12 Bilder 30 Sekunden an. Schließe das Buch, warte 1 Minute und versuche alle aufzuschreiben. Wie gut warst du?

Gut ist, wenn du dir über die Hälfte, sehr gut, wenn du dir mehr als neun gemerkt hast! Teste nun dein Wortgedächtnis im nächsten Spiel.

WIR MERKEN UNS ZAHLEN, INDEM WIR UNS DEREN **KLANG**

ZAHLENRÄTSEL

Zahlen merkt man sich schlechter als Wörter oder Bilder. Präge dir in 15 Sekunden die Zahlen rechts ein. Schließe dann das Buch, warte 1 Minute und versuche alle aufzuschreiben.

2 0 1 2 9 0

SCHRITT 2: Schau dir nun das rechte Bild an, aber achte diesmal auf bekannte Formen. (Sieht es wie ein Drachen und eine Sonne aus?) Zeichne nach 2 Minuten das Bild aus dem Gedächtnis. Gib dir wieder Punkte und vergleiche dann die Punktzahl aus beiden Tests.

Vermutlich hast du beim zweiten Test besser abgeschnitten, denn Linien lassen sich leichter merken, wenn man sie mit Formen assoziiert.

Wusstest du, dass du ein fotografisches Gedächtnis hast?

Bitte einen Freund, dich mit 40–50 alten Fotos zu testen. Dein Freund soll 5 Fotos beiseitelegen und sich merken, welche es waren. Schau nun die restlichen Fotos durch und verweile auf jedem Bild nur ein paar Sekunden. Bitte deinen Freund, die 5 Fotos in den Stapel zu mischen. Sieh dir alle noch einmal an. Welche Bilder sind dazugekommen?

Du solltest die 5 Bilder leicht erkennen. Es würde dir schwerfallen, alle Bilder zu beschreiben. Aber dein Gehirn muss Informationen über jedes einzelne speichern, sonst könntest du die 5 neuen nicht identifizieren.

Karotte
Glas
Achselhöhle
Elefant
Trompete
Blume
Kissen
Nase
Schokolade
Schildkröte
Mond
Stein

Wortgedächtnis

Sieh dir die 12 Wörter 30 Sekunden an. Schließe das Buch, warte 1 Minute und versuche alle aufzuschreiben. Dann schau nach, wie gut du warst.

Wenn du dir über 8 gemerkt hast, gut! Die meisten merken sich Worte besser, wenn sie sich ein einprägsames Bild dazu vorstellen.

EINPRÄGEN.

Um dir Zahlen mit mehr als 6 oder 7 Stellen zu merken, gruppiere die einzelnen Ziffern: 20, 12, 90, 99, 16.

9916

KREATIVITÄT

Nicht nur, wer Bilder malt oder ein Instrument spielt, ist kreativ. Durch Kreativität können wir Probleme und Rätsel lösen. *Kreatives Denken* hilft Wissenschaftlern, neue Ideen und Technologien zu entwickeln. Auch im Alltagsleben profitieren wir von Kreativität.

Durch kreatives Denken in der Badewanne entdeckte Archimedes (257–212 v. Chr.), dass man das Volumen einer Goldkrone durch die Menge des verdrängten Wassers bestimmen kann.

Aha-Erlebnis

Der griechische Wissenschafter Archimedes nahm gerade ein Bad, als er eines Rätsels Lösung fand. Er sprang aus der Wanne, rannte nackt die Straße hinunter und rief „Eureka!" (Ich hab's!). Ein Aha-Erlebnis kann man jederzeit haben: im Bad, im Bett, im Bus. Oft ist ein Tapetenwechsel oder eine entspannende Umgebung der Auslöser. Dann sehen wir ein Problem in einem neuen Licht und stoßen auf die Antwort.

Wie Kreativität entsteht

Das Gehirn muss hinter den Kulissen hart arbeiten, damit wir kreativ sind. Ehe wir eine originelle Idee hervorbringen, muss der Denkprozess mehrere Phasen durchlaufen.

WIR HABEN EIN PROBLEM!
Zunächst muss man das Problem erkennen und verstehen. Hier geht es darum, einen Fluss zu überqueren.

HINTER DEN KULISSEN
Die zweite Phase geschieht unbewusst. Das Gehirn bearbeitet das Problem, auch wenn man an etwas anderes denkt.

LATERALES DENKEN

Der Schlüssel zur Kreativität ist nicht logisches, sondern laterales Denken (Querdenken). Teste deine Kreativität mit unkonventionellen Problemlösungen.

1. Es ist Frühling. Eine Karotte und zwei Kohlestücke liegen in einem Garten. Wie kamen sie dahin?

Sie gehörten zu einem Schneemann, der im Frühling geschmolzen ist.

2. Ein Toter liegt auf dem Rücken auf einem Feld. Es gibt keine Fuß- oder Reifenspuren. Neben ihm liegt ein Rucksack. Wie kam er dahin?

Im Rucksack ist ein Fallschirm, der nicht aufging.

3. Was ist stärker als Gott? Hinweis: Die Reichen brauchen es, die Armen haben es, und wenn du es isst, stirbst du.

Die Antwort ist „nichts".

KREATIVE WELLEN

Im Gehirn schwingen ständig elektrische Impulse und erzeugen Muster, die mithilfe einer EEG (Elektroenzephalografie) aufgezeichnet werden können. Die dargestellten Wellenlinien nennt man Hirnströme. Kreative Ideen entstehen wahrscheinlich nicht, wenn das Gehirn voll ausgelastet ist und „Gammawellen" erzeugt, sondern wenn es entspannt ist und „Alphawellen" erzeugt. Sind wir entspannt, öffnen wir uns neuen Möglichkeiten und lassen ungewöhnliche Gedanken und originelle Ideen zu.

ALPHAWELLE

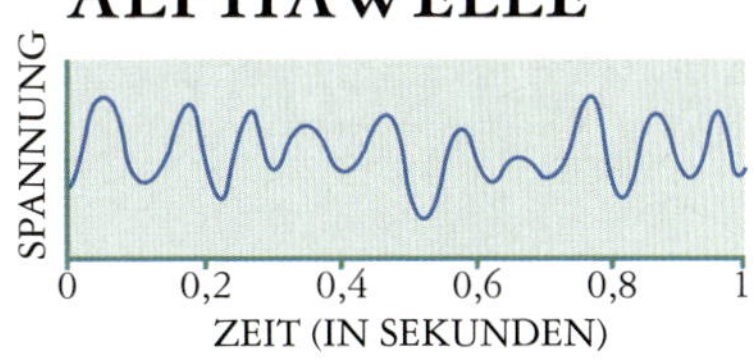

GAMMAWELLE

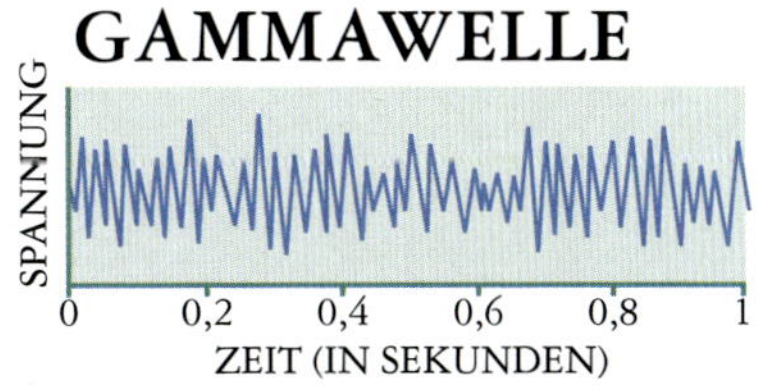

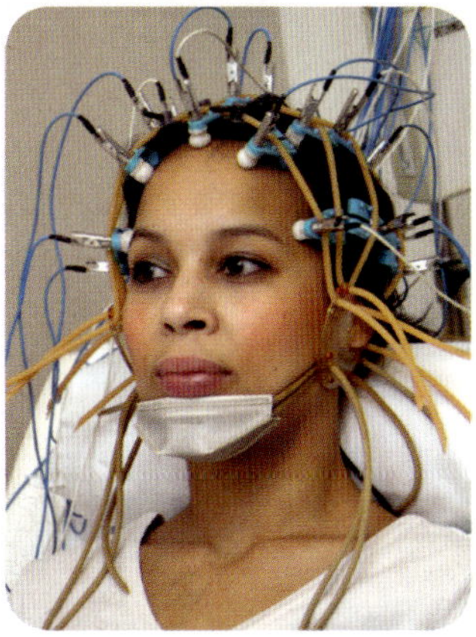

EUREKA!

Das ist der Geistesblitz, wenn man eine tolle Idee hat. Oft kommt die Antwort wie aus heiterem Himmel, während man über etwas anderes nachdenkt.

ODER DOCH NICHT?

In der vierten Phase wird die Idee ausgearbeitet. Was zunächst genial erscheint, kann sich als unbrauchbar entpuppen. Tolle Ideen entstehen, indem man Unsinniges verwirft und Gutes weiterentwickelt.

PROBLEM GELÖST!

Am Schluss wird getestet, ob die Idee funktioniert. Wenn man alle Phasen richtig durchlaufen hat, kommt die Idee nun zum Tragen. (Es sei denn, man ist ein schwerer Elefant und benutzt einen dünnen Baum.)

VERRÜCKTES GENIE?

Man sagt, dass Kreativität und Wahnsinn nah beieinander liegen. Eine starke Vorstellungskraft, Offenheit für neue Ideen und laterales Denken unterstützen die Kreativität, können aber bei extremen Ausmaßen auch Anzeichen eines gestörten Geistes sein. Wo ist also die Grenze zum „Wahnsinn"? Ein Gesunder weiß, dass verrückte Vorstellungen der Fantasie entspringen. Aber ein psychisch Kranker kann Wirklichkeit und Einbildung vielleicht nicht auseinanderhalten und leidet unter Wahnvorstellungen. Ein Hauch Verrücktheit kann manchmal jedoch nicht schaden – einige große Denker und Künstler der Geschichte waren psychisch krak.

ISAAC NEWTON

Der brillante Forscher Isaac Newton (1642–1727) entdeckte das Gesetz der Schwerkraft und die Bewegungsgesetze, obwohl er zeitlebens psychisch krank war. Man glaubt, das Newton an einer bipolaren Störung litt, die Stimmungsschwankungen von tiefster Depression bis höchster Erregung auslöst.

Teste dein DENKVERMÖGEN

NAMEN SIND SCHALL UND RAUCH.

Marys Mutter hat vier Kinder.
Das erste heißt April.
Das zweite Mai.
Das dritte Juni.
Wie heißt das vierte Kind?

WIE LOGISCH BIST DU?

Du bekommst vier Karten mit einer Zahl auf der Vorder- und einer Farbe auf der Rückseite. Sichtbar sind eine 3, eine 8, Rot und Grün. Angenommen, eine Karte mit einer geraden Zahl auf der Vorderseite ist auf der Rückseite rot. Welche Karten musst du umdrehen, um diese Regel zu überprüfen?

DER SPIELER-FEHLSCHLUSS

Angenommen, du wettest 10 € bei einem Münzwurf. Die ersten fünf Würfe schaust du nur zu – jedes Mal zeigt die Münze Kopf. Nun musst du wetten. Wählst du Kopf oder Zahl?

Mary. Das ist eine Fangfrage!

Die 8 und die grüne Karte. Nur wenige lösen das richtig. Die meisten drehen die rote Karte um. Doch deren Vorderseite ist irrelevant. Laut Regel ist die Rückseite einer Karte mit gerader Zahl rot, doch das heißt nicht, dass auf der Vorderseite einer roten Karte keine ungerade Zahl stehen kann. Statt logisch zu denken (was uns schwerfällt), wollen wir instinktiv die Regel beweisen und drehen die rote Karte um. Wir sollten wie ein Forscher denken und versuchen, die Regel zu widerlegen. Ist die Zahl auf der Vorderseite einer grünen Karte gerade und die Rückseite der 8 nicht rot, dann ist die Regel falsch. Da die anderen Karten die Regel nicht widerlegen können, sind sie irrelevant.

Die meisten wählen Zahl. Sie denken, dass die Münze nicht 6-mal hintereinander Kopf zeigt. Aber das ist ein Fehlschluss, denn die vorherigen Würfe sind irrelevant. Da die Chance immer 50:50 steht, kann man auch auf Kopf setzen. Ein Mathematikerwitz illustriert diesen Fehlschluss: Ein Pilot nimmt auf jeden Flug eine Bombe mit. „Die Chance, dass eine Bombe an Bord eines Flugzeugs ist, ist sehr klein", argumentiert er. „Also geht die Chance, dass es zwei Bomben gibt, gegen null!"

Wir glauben, logisch zu denken, aber in Wahrheit zieht unser Gehirn voreilige Schlüsse. Selbst wenn wir logisch vorgehen wollen, beeinflussen das Unbewusste und die Emotionen unsere Gedanken und bringen uns ins Straucheln. Mal sehen, ob du schlau genug bist, diese Rätsel zu lösen. Aber Vorsicht – *sie haben es in sich!*

VERSENKTE-KOSTEN-FEHLSCHLUSS

Du kaufst eine Kinokarte für 10 € einen Tag vor der Vorführung. Im Kino merkst du, dass du die Karte verloren hast, und wirst nicht hineingelassen. Du kannst eine neue Karte für 10 € kaufen, aber dann hast du 20 € für den Film bezahlt. Wie entscheidest du dich: Kaufst du die Karte oder gehst du?

Sinnvoll ist, sie zu kaufen. Die verlorene Karte sollte einen dabei ebenso wenig beeinflussen wie ein am Vortag verlorener Zehneuroschein. War der Film gestern das Geld wert, ist er es heute auch noch. Das ist ein Beispiel für den von Ökonomen so bezeichneten „Versenkte-Kosten-Fehlschluss". (Versenkte Kosten ist bereits investiertes Geld.) Ein weiteres Beispiel: Man schaut sich einen schlechten Film bis zum Ende an, damit sich die Eintrittskarte gelohnt hat, anstatt zu gehen, obwohl das sinnvoll wäre. Das Geld ist vertan, also sollte man nicht auch noch Zeit verschwenden.

FALSCH-POSITIV-BEFUNDE

Stell dir vor, du gehst zum Arzt und wirst auf eine seltene Krankheit getestet, die nur einen von 200 Menschen befällt. Der Bluttest des Arztes mit einer Zuverlässigkeit von 98 % ist positiv und weist die Krankheit nach. Wie steht die Chance, dass der Test sich irrt und du kerngesund bist?

Mit 80%-iger Wahrscheinlichkeit ist der Test falsch. Unglaublich? Das lässt sich mathematisch beweisen. Angenommen, 200 Menschen werden getestet. Nur eine Person hat wahrscheinlich die Krankheit, aber der Test irrt sich (durchschnittlich) 4-mal, indem er Gesunden die Krankheit unterstellt. Von den 5 positiv Getesteten ist also nur einer wirklich krank.

DAS DREI-TÜREN-PROBLEM

Stell dir vor, du bist bei einer Fernseh-Quizshow. Hinter einer von drei Türen ist ein Sportwagen – wählst du die richtige, gehört er dir. Du wählst aufs Geratewohl. Der Moderator weiß, wo das Auto ist, und öffnet eine der anderen beiden Türen. Er gibt dir die Chance, dich umzuentscheiden. Solltest du?

Ja. Bei einer Umentscheidung steigt die Gewinnchance von einem auf zwei Drittel. Das ist schwer zu glauben, denn es widerspricht der Intuition. Man glaubt, die Gewinnchance bei einer Umentscheidung liegt bei 50 : 50, da es zwei Türen gibt und das Auto hinter jeder stehen könnte. Um zu verstehen, warum sie bei zwei Dritteln liegt, muss man die Chance, nach einer Umentscheidung zu verlieren, berechnen. Man würde nur verlieren, wenn man sich ursprünglich für die richtige Tür entschieden hatte, also liegt die Chance zu verlieren bei einem Drittel und die zu gewinnen bei zwei Dritteln.

GEHIRNSTÖ

Wird das Gehirn verletzt oder krank, kann das seltsame Folgen haben. Wie ein fehlerhaftes Computerprogramm wird auch ein verletztes Gehirn von Störimpulsen

In Musik versunken

Clive Wearing war ein brillanter Musiker, bis ein Virus sein Gedächtnis zerstörte. Nun leidet er an einer sehr schlimmen Form von Amnesie: Er fühlt sich ständig so, als ob er gerade aufgewacht wäre, und merkt sich nichts länger als 30 Sekunden. Verlässt seine Frau das Zimmer und kehrt zurück, umarmt er sie wie einen Freund, den er ewig nicht gesehen hat. Begegnet er jemandem, schüttelt er dessen Hand und fragt: „Sind Sie der König?" Da er sich nicht an die Person erinnert, glaubt er, dass sie wichtig ist. Trotz der Amnesie kann er noch Klavier spielen und dirigieren.

Zwei Gehirne

Bei Menschen mit schwerer Epilepsie wird manchmal das Corpus Callosum (ein Nervenfaserstrang, der die beiden Hirnhälften verbindet und deren Zusammenarbeit koordiniert) durchtrennt. Manche Patienten verhalten sich nach dem Eingriff so, als ob sie zwei Gehirne hätten. Sie können gleichzeitig mit jeder der Hände ein anderes Bild zeichnen. Manchmal kämpfen die „zwei Gehirne" um die Vormachtstellung. Das kann zum „Alien-Hand"-Syndrom führen. Dabei kann der Patient die Aktionen der einen Hand nicht mehr steuern, die vielleicht versucht, einen Schokoriegel zum Mund zu führen, während die andere Hand versucht, ihr den Riegel zu entreißen.

Rechts oder links?

Bei einer Störung namens Neglect kann man eine Hälfte des Gesichtsfelds nicht mehr sehen. Mit der rechten Hirnhälfte sieht man Objekte links im Gesichtsfeld und umgekehrt. Wird die obere rechte Hirnhälfte verletzt, sieht man Objekte links im Gesichtsfeld trotz perfekt funktionierender Augen nicht mehr und leert beim Essen nur die rechte Tellerseite.

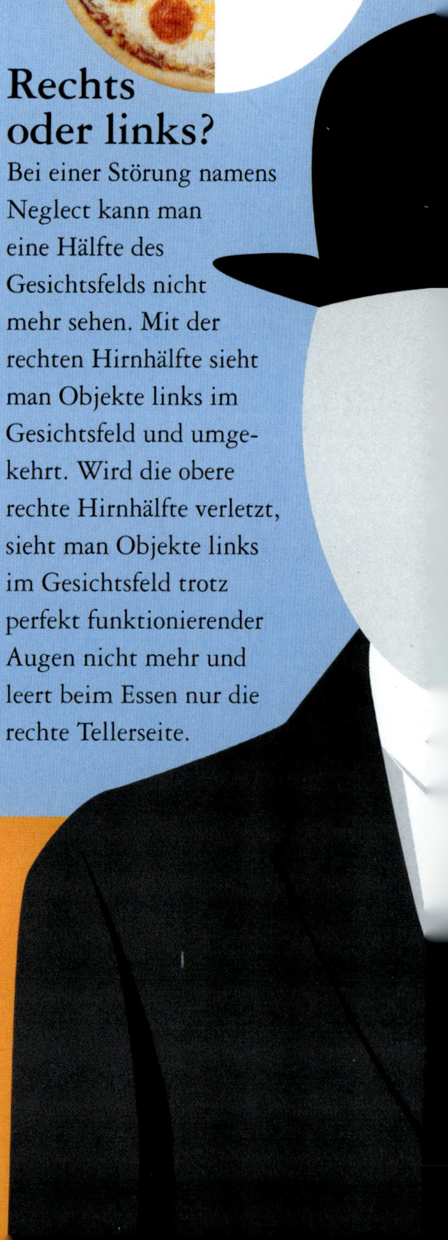

GESICHTSLOS

Prosopagnosie ist eine der merkwürdigsten Gehirnstörungen. Dann ist man plötzlich nicht mehr in der Lage, Gesichter wiederzuerkennen, obwohl man sie immer noch sehen kann. Menschen mit dieser Störung erkennen Freunde und Familie an Stimme, Geruch, Körpersprache und Kleidung. Prosopagnosie beschränkt sich nicht auf menschliche Gesichter. Ein erkrankter Bauer konnte seine Kühe nicht wiedererkennen, ein anderer konnte die Gesichter von Menschen nicht wiedererkennen, die seiner Kühe und Hunde hingegen schon.

RUNGEN

befallen. Durch diese neuronalen Störungen wird die Aufgabe der verschiedenen Hirnregionen deutlich.

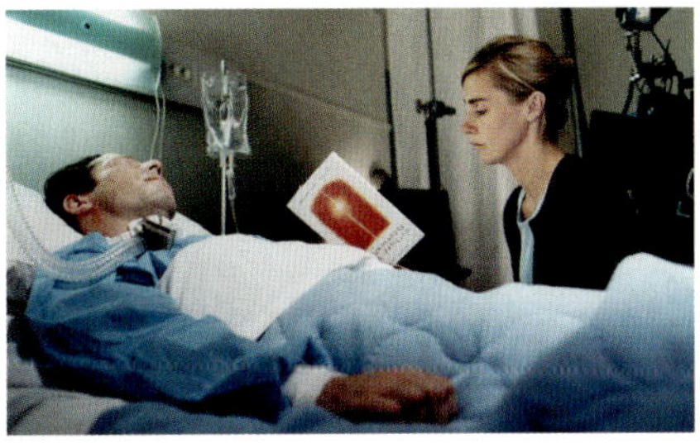

Szene aus dem Film *Schmetterling und Taucherglocke* über Baubys Leben

Eingeschlossen

Nach einem massiven Schlaganfall 1995 litt der französische Autor Jean-Dominique Bauby am Locked-in-Syndrom. Sein Verstand funktionierte, aber sein Körper war abgesehen vom linken Augenlid gelähmt. Er schrieb ein Buch über diese Erfahrung, indem er es Buchstabe für Buchstabe diktierte. Er brauchte 2 Minuten für jedes Wort und musste etwa 200 000-mal zwinkern, bis der Text fertig war.

Das verschwundene Gehirn

Vor etwa 30 Jahren ließ ein sehr intelligenter Mathematikstudent in England eine Schwellung am Kopf von einem Spezialisten untersuchen. Bei einer Hirntomografie stellte der Arzt verblüfft fest, dass der junge Mann offensichtlich kein Gehirn hatte. Sein Kopf war voller Wasser, und das Gehirngewebe war zu einer 1 mm dünnen Schicht an der Innenseite des Schädels zusammengepresst worden. Der Student litt an einem Hydrocephalus (Wasserkopf). Trotzdem hatte er einen IQ von 126, absolvierte das Studium mit Bestnoten und führte ein normales Leben.

Blindsicht

1973 wurde einem Engländer ein Tumor aus der Sehrinde im Hinterhauptslappen entfernt und er erblindete. Als die Ärzte sein Sehvermögen untersuchten, entdeckten sie, dass er erraten konnte, was er sah, ohne sich des Gesehenen bewusst zu sein. Der Patient war ebenso überrascht wie die Ärzte. Das war eine faszinierende Entdeckung, denn sie legte nahe, dass der Eingriff nicht das Sehvermögen, sondern das bewusste Sehen zerstört hatte. Ein Teil des Gehirns verarbeitete weiterhin Bilder aus den Augen.

Doppelgänger

Zwei unheimliche Gehirnstörungen sind mit Prosopagnosie verwandt. Menschen mit Capgras-Syndrom glauben, ihre Freunde und ihre Familie seien durch Doppelgänger ersetzt worden. Beim Cotard-Syndrom sehen Betroffene beim Blick in den Spiegel einen Fremden und glauben, dass sie nicht existieren. Beide Störungen entstehen oft durch eine Gehirnschädigung, bei der das Sehzentrum vom Emotionszentrum getrennt wird.

Übersinnliche

HAT DICH EIN FREUND schon einmal angerufen, als du gerade an ihn gedacht hast? Manche behaupten, so etwas entstehe durch übersinnliche

DER SECHSTE SINN

Übersinnliche Kräfte schreibt man einem geheimnisvollen sechsten Sinn zu, der Menschen eine „außersinnliche Wahrnehmung“ (ASW) verleiht.

Telepathie

Telepathie ist die Fähigkeit des Gedankenlesens. Ein berühmtes Beispiel dreht sich um den Psychologen Hans Berger, der durch einen Sturz vom Pferd fast starb. Seine entfernt lebende Schwester spürte das und schickte ein Telegramm. Überrascht widmete sich Berger dem Studium der Telepathie. Seine Untersuchung von Hirnströmen, die seiner Meinung nach Gedanken übertragen, konnte die Existenz der Telepathie nicht belegen, diente aber anderen Bereichen der Hirnforschung.

Hellsehen

Jemand, der Dinge an einem fernen Ort oder in die Vergangenheit oder Zukunft „sehen“ kann, wird Hellseher genannt. Vor dem Satellitenzeitalter setzten die Geheimdienste der USA und Sowjetunion erfolglos Hellseher als Spione ein. Ein Drittel der Polizeikräfte der USA hat Hellseher zur Verbrechensaufklärung eingesetzt, bisher jedoch ergebnislos.

Telekinese

Das Bewegen von Objekten durch Geisteskräfte nennt man Telekinese. Es widerspricht den Gesetzen der Physik, wird aber immer wieder versucht. Edouard Buguet (links) wollte mit manipulierten Fotos seine angebliche Fähigkeit beweisen, Objekte schweben zu lassen. Andere behaupten, Kompassnadeln bewegen, Metall magnetisch anziehen oder Löffel biegen zu können.

Teste deine übersinnlichen Kräfte

Versuche Folgendes mit einem Freund:

1. Zeichne die fünf Formen (rechts) auf identische Karten. Sie heißen Zener-Karten nach Karl Zener. Er entwarf sie für Experimente zur ASW.
2. Mische die Karten und ziehe eine, ohne sie deinem Freund zu zeigen.
3. Konzentriere dich auf das Muster und versuche, es deinem Freund telepathisch zu übermitteln.
4. Wiederhole das 19-mal und führe eine nummerierte Liste der „gesendeten“ Karten …

Die Wissenschaft der ASW

Existieren übersinnliche Phänomene wirklich, kann man sie wissenschaftlich nachweisen. Das versuchten Forscher in Laboratorien zur Untersuchung von „Parapsychologie“. Bei einem typischen Experiment wird eine Person gebeten, Bilder von Zener-Karten (oben) telepathisch zu übermitteln. Bis jetzt gibt es keinen Beweis, dass die Person, die die Gedanken empfängt, deutlich öfter richtig antwortet, als es durch Zufall geschieht. Ein berühmter Skeptiker bot dem Ersten, der ASW wissenschaftlich nachweisen kann, sogar 1 Million Dollar Belohnung.

Jeder, der an Telekinese glaubt,

Kräfte

Kräfte wie Telepathie. Aber gibt es für deren Existenz Beweise? Oder sind das nur Betrügereien und eine Frage des Zufalls?

… Auch dein Freund schreibt jede Karte auf. Vergleicht die Ergebnisse. Allein durch Zufall wird er mit 98%-iger Wahrscheinlichkeit bis zu sieben Karten richtig haben. Die Chance für zehn Richtige ist kleiner als 1:300, die für zwanzig 1:100 Milliarden. Habt ihr alle zwanzig richtig, Glückwunsch! Ihr seid wahre Medien!

Bestätigungsfehler

In einem grusligen Haus interpretiert man unheimliche Geräusche höchstwahrscheinlich als Beweis für Geister, besonders wenn man an Übernatürliches glaubt. Wir haben eine natürliche Neigung, etwas wahrzunehmen, das unsere Erwartungen erfüllt. Forscher nennen das „Bestätigungsfehler". Sie umgehen ihn, indem sie Experimente auf die Widerlegung (nicht den Nachweis) einer Theorie auslegen.

DAS UNERKLÄRBARE ERKLÄREN

Die meisten Forscher bezweifeln übersinnliche Phänomene, denn viele davon sind leicht erklärbar.

Die Macht des Zufalls

Merkwürdige Dinge geschehen durch Zufall. Aber weil unser Gehirn dazu programmiert ist, nach Erklärungen und Mustern zu suchen, überinterpretieren wir gern zufällige Ereignisse. Stell dir vor, ein Freund ruft an, während du gerade an ihn denkst – und schon glaubst du an Telepathie. Aber wie oft hast du nicht an deinen Freund gedacht, als er anrief? Wir bemerken Zufälle und ignorieren Normalfälle.

Ein Wunder pro Monat

Der britische Mathematiker John Littlewood berechnete, dass man etwa einmal im Monat ein Wunder erlebt. Ihm zufolge ist ein Wunder ein „1:1 Million"-Ereignis. Angenommen, wir sind 8 Stunden täglich wach, macht das 1 Million Sekunden im Monat. Dann erleben wir durchschnittlich eine „Wundersekunde" im Monat. Wenn dir also Jesus auf dem Toastbrot erscheint, liegt das am Gesetz des Zufalls.

Geschäftstricks

Medien benutzen Tricks zum Gedankenlesen und Wahrsagen. Bei der „kalten Deutung" interpretiert man Körpersprache und Aussehen einer Person (das können wir alle). Sogenannte „Barnum-Aussagen" sind scheinbar personenbezogen, könnten aber auf jeden zutreffen, wie „Sie haben Probleme mit einem Freund oder Verwandten."

hebt bitte *meine* Hand.

WERDEN MASCHINEN UNSER GEHIRN VERSTÄRKEN?

Bionische Körper

Es ist bereits möglich, künstliche Gliedmaßen durch Gedanken zu steuern. Nerven im Glied werden mit Motoren verbunden, die Finger und Füße bewegen. Das Glied reagiert, wenn man an eine Handlung denkt.

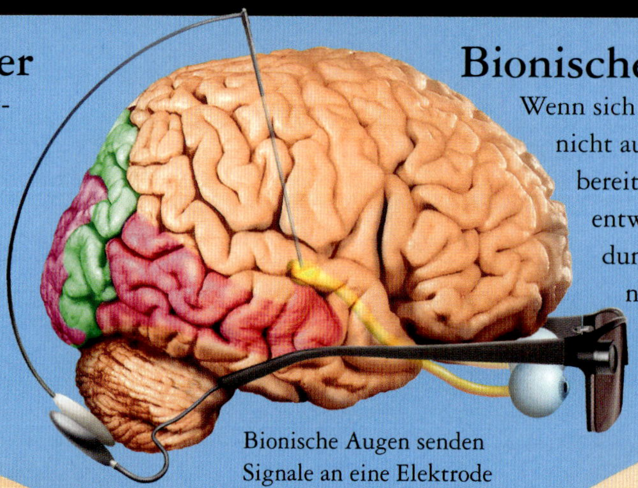

Bionische Augen senden Signale an eine Elektrode im Gehirn, die den Sehnerv stimuliert.

Bionische Gehirne

Wenn sich Körperteile ersetzen lassen, warum nicht auch Gehirnteile? Wissenschaftler haben bereits eine künstliche Netzhaut für Blinde entwickelt. Dabei senden winzige, an verdunkelte Brillen montierte Kameras Signale direkt an den Sehnerv und sorgen so für rudimentäre Seheindrücke.

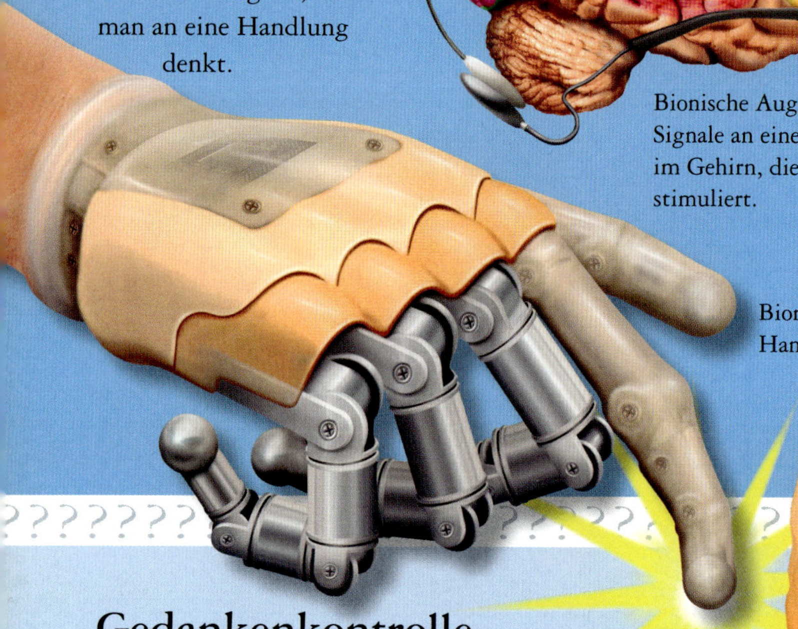

Bionische Hand

KÜNST-LICHE

Das Gehirn hat sich seit Millionen Jahren vergrößert und entwickelt, aber damit nicht genug. Einige der klügsten Menschenhirne tüfteln nun erstaunliche

Gedankenkontrolle

Wenn du nicht gern E-Mails oder Kurznachrichten schreibst, träumst du möglicherweise von einem Gerät, das deine Gedanken lesen kann. Forscher testen Stirnbänder mit Biosensoren, die eine Gehirnaktivität aufspüren können und uns eines Tages vielleicht dabei helfen, Autos, Computer, Spiele und vieles andere durch Gedanken zu steuern.

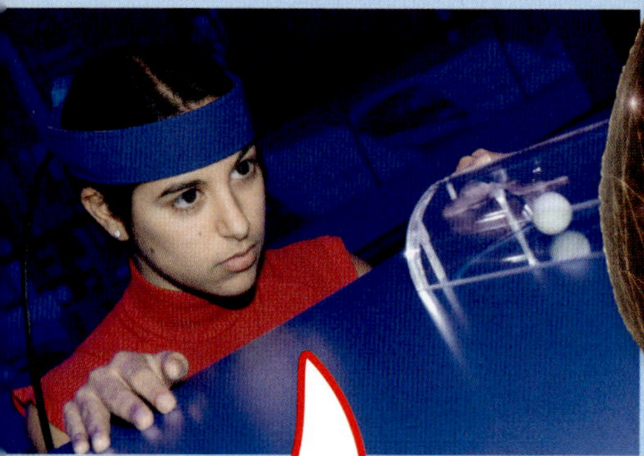

Ich spiele Mindball. Wenn ich mich sehr **konzentriere**, kann ich den Ball bewegen!

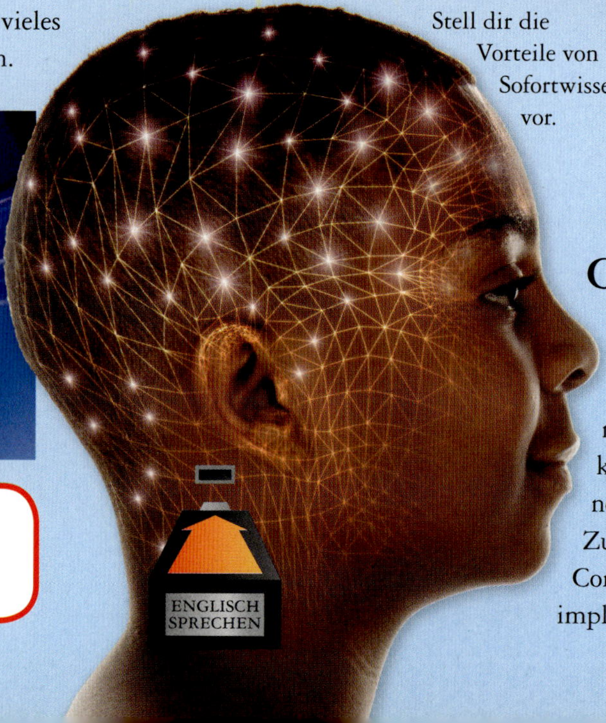

Stell dir die Vorteile von Sofortwissen vor.

Computergehirne

Machst du gern Hausaufgaben? Wenn nun jemand einen ans Gehirn anschließbaren elektronischen Speicherchip entwickeln könnte, mit dessen Hilfe man eine neue Sprache in Sekunden erlernt? In Zukunft könnten sich gehirnähnliche Computer und Gehirn durch Hirnimplantate verbinden lassen.

WERDEN MASCHINEN JE DENKEN WIE WIR?

Neuronale Netze

Computer werden leistungsfähiger, wenn man sie Gehirnen nachempfindet. Ein neuronales Netz ist ein Computermodell eines Gehirns mit künstlichen Gehirnzellen. Wird Information eingespeist, erkennt es allmählich Muster und knüpft Verbindungen wie unser Gehirn. Zeigt man einem neuronalen Netz Tausende Fotos von Franzosen und Chinesen und dann ein unbekanntes Gesicht, kann es ohne weitere Hinweise erkennen, ob es sich um einen Franzosen oder Chinesen handelt. Das unterscheidet es von einem gewöhnlichen Computer, dem man genaue Anweisungen geben muss.

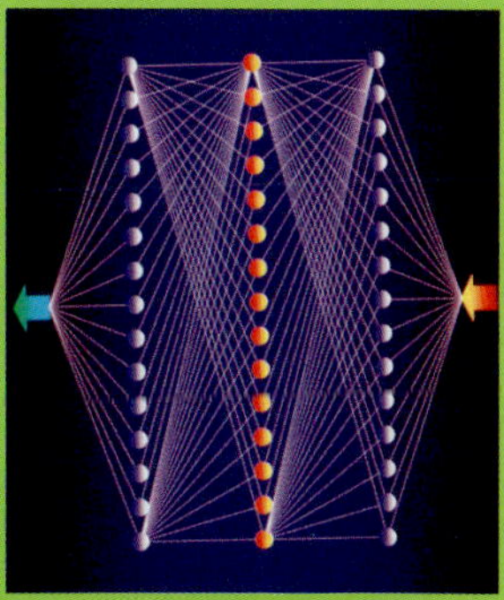

Neuronales Netz

Rattengehirn fliegt Düsenjet!

Ein Hochleistungsrechner mit der Leistung eines Mäusehirns braucht die Größe einer Lagerhalle für ein neuronales Netz. Es ist einfacher, ein künstliches Gehirn neu zu bauen: Wissenschaftler formierten 25 000 Gehirnzellen einer Ratte zu einem winzigen neuronalen Netz. Sie verdrahteten es mit einem Mikrochip und brachten ihm in einem Simulator bei, ein Düsenflugzeug zu fliegen.

Eine Ratte fliegt ein Düsenflugzeug? Ist das die Möglichkeit!

INTEL-LIGENZ

künstliche Gehirne aus und räumen dem Gehirn damit neue, zukünftige Entwicklungsmöglichkeiten ein.

Das „Internet-Gehirn“

Ist dir aufgefallen, dass das Internet unseren Planeten in ein riesiges Gehirn verwandelt und ein gehirnähnliches Verhalten zeigt? Es kann Informationen speichern und vergessen (löschen). Es drückt Wut und Aufregung aus, wenn viele Menschen ein heißes Thema in E-Mails und Blogs diskutieren. Es scheint einen eigenen Kopf zu haben!

Schaffen wir ein weltweites Gehirn?

Turing-Test

Computer schlagen Menschen beim Schach, aber sie können nicht laufen, reden, denken oder lernen wie wir – noch nicht. Forscher versuchen seit Jahrzehnten, Computern künstliche Intelligenz zu verleihen (damit sie selbstständig denken). Woran werden wir erkennen, ob es ihnen gelungen ist? Der britische Mathematiker Alan Turing schlug dafür einen einfachen, aber schlauen Test vor. Man setzt eine Person vor einen Bildschirm, der mit einem „intelligenten“ Computer oder einer zweiten Person in einem anderen Raum verbunden ist. Durch Gespräche und Fragen muss die Person herausfinden, ob sie mit einem Menschen oder einem Computer spricht. Kann sie keinen Unterschied feststellen und unterhält sich mit dem Computer, dann gilt der Computer als intelligent.

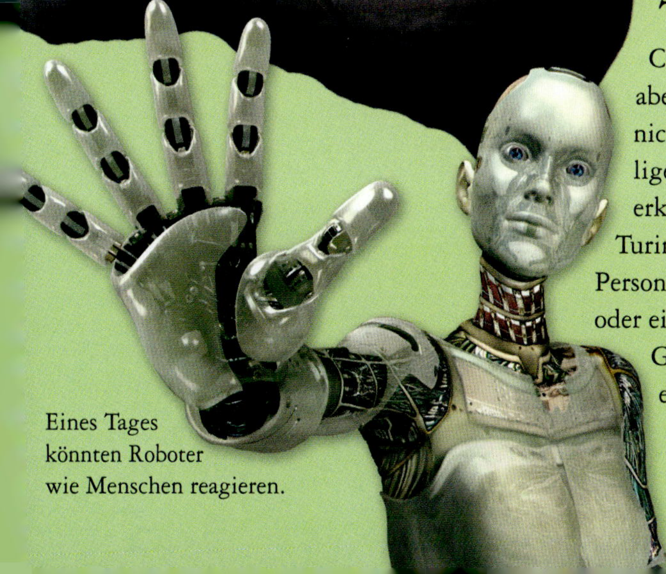

Eines Tages könnten Roboter wie Menschen reagieren.

GLOSSAR

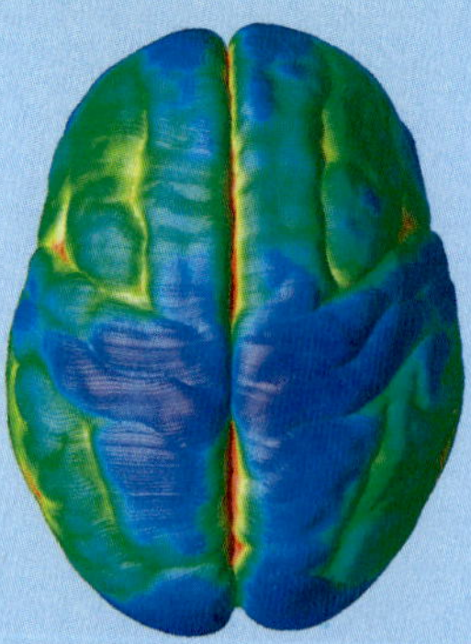

ASW (außersinnliche Wahrnehmung) Auch als übersinnliche Kraft oder sechster Sinn bekannt. Die angebliche Fähigkeit der Telepathie, Telekinese und des Hellsehens.

Axon Ein langer Fortsatz einer Nervenzelle (Neuron). Es leitet Nervensignale vom Zellkörper weg.

Basalganglien Eine Region unterhalb der Großhirnrinde mit Millionen Nerven, die für Auswahl und Steuerung von Bewegungen zuständig ist.

Behaviorismus Ein Gebiet der Psychologie, das das Verhalten von Tier und Mensch untersucht, aber die inneren, verhaltenssteuernden Vorgänge im Gehirn vernachlässigt.

Bewusstsein Der Zustand geistiger Aufmerksamkeit.

Bipolare Störung Eine psychische Störung, bei der man extreme Stimmungshochs (Manie) und -tiefs (Depression) durchlebt.

Broca-Areal Eine Region im Stirnlappen, die für die Wortartikulation zuständig ist.

Dendrit Ein kurzer Fortsatz einer Nervenzelle (Neuron). Er empfängt Signale von anderen Nervenzellen.

Dreidimensional (3-D) Ein dreidimensionales Objekt hat Länge, Breite und Höhe. Ein Würfel ist dreidimensional, ein Rechteck hingegen zweidimensional, weil es nur Länge und Breite hat.

Emotionen Innere Gefühle, die sich auf Gehirn und Körper auswirken, wie Freude, Angst, Ekel und Wut.

Endorphin Ein schmerzhemmender Neurotransmitter.

Epilepsie Eine Gehirnstörung, bei der eine plötzliche abnorme elektrische Aktivität der Gehirnzellen zu heftigen Krampfanfällen führt.

Geist Die vom Gehirn erzeugten Gedanken, Gefühle, Überzeugungen, Ideen und das Ichgefühl bilden das, was wir Geist nennen.

Graue Substanz Dunkleres Gehirngewebe, das aus Nervenzellkörpern und Dendriten besteht.

Großhirn Der Hauptteil des Gehirns ohne Hirnstamm und Kleinhirn.

Großhirnrinde Die äußere, zerfurchte Gewebeschicht des Gehirns. Sie ist an Denken, Gedächtnis, Bewegung, Sprache, Aufmerksamkeit und der Verarbeitung der Sinneseindrücke beteiligt.

Hinterhauptslappen Hinterster Lappen des Großhirns und Sehzentrum des Gehirns.

Hippocampus Gehirnteil, der Kurzzeit- in Langzeiterinnerungen umwandelt.

Hirnhälften (Hemisphären) Die linke und rechte Hälfte des Gehirns.

Hirnstamm Der mit dem Rückenmark verbundene Teil des Gehirns.

Hormone Biochemische Botenstoffe im Blutkreislauf.

Innere Uhr Ein natürlicher Schrittmacher im Körper, der regelmäßige Zyklen wie den Schlaf-wach-Rhythmus steuert.

Instinkt Ein Verhalten, das angeboren ist und nicht erlernt werden muss.

Intuition Die gefühlsmäßige, schnelle Lösung eines Problems ohne logisches Denken.

Kleinhirn Der Teil des Gehirns über dem Hirnstamm, der Körperbewegung und Gleichgewicht steuert.

Kritische Phase Ein Lebensabschnitt, in dem das Gehirn eine neue Fertigkeit leicht erlernt. Die kritische Phase für das Erlernen einer Zweitsprache ist die Kindheit. Danach wird es viel schwieriger.

Lappen Einer der vier Hauptbereiche einer Hirnhälfte: Stirnlappen, Hinterhauptslappen, Scheitellappen und Schläfenlappen.

Laterales Denken Kreatives Denken zur Problemlösung unter Einbezug von unlogisch erscheinenden Ideen.

Limbisches System Eine Funktionseinheit im Gehirn, die an Emotionen, Gedächtnis und Geruchssinn beteiligt ist. Zu ihr gehören der Mandelkern und der Hippocampus.

Mandelkern (Amygdala) Der Teil des limbischen Systems, der Emotionen verarbeitet.

Nervenzelle *Siehe* Neuron

Netzhaut Eine Schicht aus lichtempfindlichen Neuronen an der Rückwand des Auges, die Bilder erfasst und ans Gehirn in Form elektrischer Signale weiterleitet.

Neurochirurgie Operativer Eingriff ins Gehirn.

Neuron Ein anderes Wort für Nervenzelle. Neurone erzeugen bei Stimulation (äußerer Reiz, beispielsweise durch die Sinne) elektrische Signale und leiten diese an andere Neurone oder Muskeln weiter.

Neurotransmitter Von den Nervenzellen (Neurone) erzeugter biochemischer Stoff, der neuronale Signale über den synaptischen Spalt zum Nachbarneuron weiterleitet.

Präfrontaler Cortex Befindet sich an der Stirnseite des Gehirns und ist an bewusstem Denken und Planen beteiligt.

Propriozeption Ein Sinn, durch den wir die Stellung und Bewegung unserer Körperteile wahrnehmen.

Prosopagnosie Eine Gehirnstörung, bei der man Gesichter nicht wiedererkennen kann.

Psychologie Die wissenschaftliche Erforschung des Geistes.

Räumliche Wahrnehmung Das Erfassen von Form, Entfernung und Raum.

REM-Schlaf Leichteste Schlafphase, in der sich die Augen schnell unter den Lidern bewegen und man gut erinnerbare Träume hat.

Rückenmark Ein dicker Nervenstrang in der Wirbelsäule, der das Gehirn mit Nervenzellen im ganzen Körper verbindet.

Sakkade Eine schnelle, ruckartige Bewegung der Augen.

Scheitellappen Der Lappen zwischen Hinterhauptslappen und Stirnlappen. Er empfängt neuronale Signale vom ganzen Körper und ist am Tastempfinden beteiligt.

Schizophrenie Eine schwere psychische Erkrankung, bei der Halluzinationen und Wahnvorstellungen den Realitätssinn beeinträchtigen.

Schläfenlappen Der Seitenlappen einer Hirnhälfte, der für Gehör, Sprache und Gedächtnis zuständig ist.

Sehrinden Ein Teil des Hinterhauptslappens, der Seheindrücke verarbeitet.

Sinne Die fünf Hauptsinne sind Sehen, Hören, Riechen, Schmecken und Fühlen. Andere Sinne sind u. a. Schmerz, Propriozeption und Wärme- oder Kälteempfindlichkeit.

Spiegelneurone Neurone im Gehirn von Affen, die aktiviert werden, wenn der Affe einen Artgenossen oder Menschen bei einer Handlung beobachtet. Sie existieren auch im Menschen und ermöglichen uns, die Gefühle anderer nachzuempfinden.

Stirnlappen Der Vorderteil einer Hirnhälfte. Er ist an höheren geistigen Fähigkeiten wie Entscheidungsfindung beteiligt.

Synaptischer Spalt Ein winziger Spalt zwischen zwei Nervenzellen (Neurone).

Telepathie Die angebliche Fähigkeit, Gedanken durch außersinnliche Wahrnehmung (ASW) zu lesen.

Thalamus Ein Teil des Zwischenhirns, der Informationen aus den Augen und anderen Sinnesorganen verarbeitet.

Weiße Substanz Helleres Gehirngewebe, das hauptsächlich aus Axonen besteht.

Wernicke-Areal Ein Teil des Schläfenlappens, der für das Sprachverständnis zuständig ist und bei den meisten Menschen in der linken Hirnhälfte liegt.

Zentralnervensystem Gehirn und Rückenmark bilden das Zentralnervensystem.

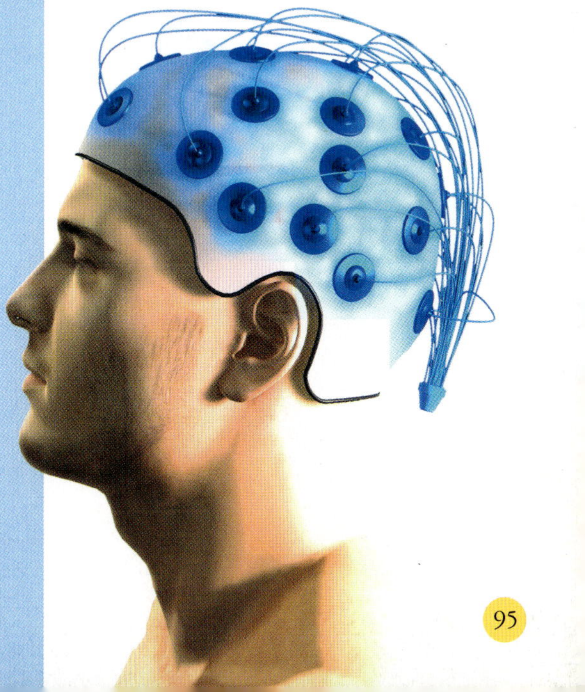

Register

Dank

Dorling Kindersley dankt Paul Yarker für die Ausarbeitung des Persönlichkeitstests und Kathrin Cohen Kadosh für die Bereitstellung der Hirntomogramme auf S. 23.

Der Verlag dankt folgenden Personen und Institutionen für die freundliche Genehmigung zum Abdruck ihrer Bilder (Abkürzungen: o = oben, go = ganz oben, u = unten, gu = ganz unten, m = Mitte, l = links, r = rechts, Hg = Hintergrund):

Edward H. Adelson: 36m, 36mr; **Alamy Images:** ARCO Images GmbH 71gol; Art Directors and TRIP 71ml, 71mr; Richard Green / Commercial 7ml, 52ml; Interfoto 11m; Andrea Matone 34mr; Patti McConville 90ml; Medicalpicture 92ml, 92gor; David Price 66ul; StudioSource 41ul; Richard Wareham Fotografie 41mr; **The Bridgeman Art Library:** Tretjakow-Galerie, Moskau, Russland 30u, 31u; © David Macdonald (**www.cambiguites.com**): 37ul; **Corbis:** Lucas Allen 19 (Buch); Bettmann 11ur, 11ml, 11gom, 22ul, 22ml, 33gol, 39gol; Bloomimage 52–53um; Coleen Cahill / Design Pics 42m; Alan Copson 48–49gom; Leonard de Selva 11ul; DLILLC 70ml; Robert Dowling 71ul; EPA / Toni Garriga 50m; Francis G. Mayer 33m; Frank Lukasseck 19mr; Frare / Davis Photography / Brand X 15um; The Gallery Collection 10–11u, 33gor, 35gom; Etienne George 89ml; Michael Gore/FLPA 44um; Sven Hagolani 29gor (Fernseher), 39gor, 78mu; Rune Hellestad 52ul; Ikon Images 49ul; Images.com 48gol; Imagezoo / Images.com 86mr; JGI / Blend Images 27ul; JLP/ Jose L. Pelaez 48ul; Mike Kemp / Rubberball 19 (Ratte); Matthias Kulka 18r; Mehau Kulyk / Science Photo Library 54–55mu; Martin Harvey 30gol; Rob Matheson 48–49go; Dan McCoy – Rainbow/ Science Faction 53mr; MedicalRF.com 13ul; moodboard 41go; Louis Moses 49um; Nice One Productions 67mr; Roberta Olenick / All Canada Pictures 69mr; ANDREW PARKINSON 29gor; Herbert Pfarrhofer 12mo; PoodlesRock 4ul; Radius Images 67ur; Lew Robertson 69mru; Thomas Rodriguez 79gor; Andersen Ross/ Blend Images 79mro; Sanford / Agliolo 49ur; David Selman 70ul; Athina Strataki / Etsa 71m; Scott Stulberg 70–71m; Sunset Boulavard 59ur; Yuji Tanigami / amanaimages 44ul; William Whitehurst 93ul; Harry Williams 76–77m; **Crytek GmbH:** © 2010. Alle Rechte vorbehalten. Dieses Bild wurde von Sascha Gundlach mit CryEngine®3 kreiert. 35mlu; **Dorling Kindersley: Rachael Grady:** 4um, 83gor; Tim Ridley / Ted Taylor modelmaker 93mro; **Eyevine Ltd:** 14ul; **Getty Images:** 3D4 Medical.com 13gom; 35ur, 77gol; Altrendo 91ur; Colin Anderson 4–5u; Chad Baker / Thomas Northcut 92um; Barcroft Media 80–81go; Bettmann 15m; Burazin 88mr; Creative Crop 70gol, 71gor; Peter Dazeley 34gol; De Agostini 7go, 10gom; Digital Vision 47um; Edvanderhoek 35ul; Shaun Egan 37ml, 37mr; David Elliott 41mlo; Daisy Gilardini 46gor; Hulton 12ml, 13m; Hulton Archive 12m; Imagezoo 71gor; David Job 55m; Mike Kemp 8–9, 10mo, 10–11go; Peter / Stef Lamberti 16m; Catherine Ledner 17ml; Lester Lefkowitz 15gor; Loungepark 70mu; Steve McAlister 40go; Ryan McVay 15ur, 66–67; Brian Mullennix 88ml; Gary John Norman 17ul; Carl Pendle 60ml; PM Images 41um; Reza 67gor; Achim Sass 40ur; Venki Talath 54um, 54mu, 54mru; Alan Thornton 69m; Time & Life Pictures 85ur; Eric Van Den Brulle 55gor; **Harlow, John M.:** Recovery from the passage of an iron bar through the head. Von John M. Harlow, M.D. vor der Massachusetts Medical Society vorgetragen, 3. Juni 1868; Boston, David Clapp & Son, 1869 11mro; **iStockphoto.com:** 4x6 68ul; 16gor; Alexsl 62; Andresr 40m; Andyd 69gor; Cimmerian 81ur; Dreamstime 59um, 59gol; Dreamstime / Kts 23gol; EcoPic 56ml; Rebecca Ellis 76ml; Julie Felton 76ul, 89gor; Jcdesign 24gom; Sebastian Kaulitzki 2–3, 3m, 88–89go; Jan-Willem Kunnen 91gor; Markus Leiminger 68ur; Nancy Louie 7ul, 77mr; Miodrag Nikolic 77u; penfold 10–11mo; TommL 76ur; Viorika Prikhodko Photography 16mu; Tomasz Zachariasz 16ul; **David James Killock (killock@msn.com), http://www. wix.com/dkillock/dkphotography:** 39u; **The Kobal Collection:** 46u; **Nischal Narayanam:** 80u; **NASA:** 34mlu; JPL/ Malin Space Science Systems 33gom (Real); The Natural History Museum, London: 14gol, 23ur; naturepl.com: Anup Shah 17mr; **Dan Paluska:** 91mr; **PNAS:** 101(21):8174–8179, 25. Mai 2004, Nitin Gogtay et al, Dynamic mapping of human cortical development during childhood through early adulthood © 2004 National Academy of Sciences, USA / mit freundlicher Genehmigung von Paul Thompson, UCLA School of Medicine 66m; **Richard Russell, Assistant Professor of Psychology, Gettysburg College, USA:** Russell, R. (2009) A sex difference in facial pigmentation and its exaggeration by cosmetics. Perception, (38)1211–1219. 38gor; **Aaron Schurger:** 32u; **Professor Philippe Schyns:** Schyns, P. G. & Oliva, A. (1999). Dr. Angry and Mr Smile: When categorization flexibly modifies the perception of faces in rapid visual presentations. Cognition, 69, 243–265, mit der Erlaubnis Elsevier. 38gol; **Science Museum / Science & Society Picture Library:** Science Museum 92ul; **Science Photo Library:** 15ml; AJ Photo / Hop Americain 85go; John Bavosi 44ml; Dr. Klaus Boller 5ul; Gary Carlson 21ul; CNRI 42mo; Equinox Graphics 21mr; Gusto Images 54–55mo; Victor Habbick 93mru; Roger Harris 19ur, 64m, 79m; Helene Fournie, ISM 28gol; Jacopin 20u; Mehau Kulyk 66–67go; Laguna Design 21gom, 78–79gom; Lawrence Berkeley National Laboratory 20mr; David Mack 31gol; National Library of Medicine 14ml; Nationalmuseum Dänemark 10ul; Omikron 28ur; Pasieka 4gol, 20ml, 93gom; Sovereign, ISM 23ul, 23m, 23mo; Volker Springel / Max-Planck-Institut für Astrophysik 5ur; Sheila Terry 22m; Geoff Tompkinson 18ml; Jeremy Walker 90gol; Paul Thompson, **UCLA School of Medicine:** 66mr; **University of Leicester:** Adrian White, Analytischer Sozialpsychologe 72ul; **Wellcome Images:** 13mr; **Wikipedia, Die freie Enzyklopädie:** Bibliothèque nationale de France, département des Estampes et de la Photographie, Paris 90ul; Fibonacci / Permission is granted to copy, distribute and/or modify this document under the terms of the GNU Free Documentation License, Version 1.2 or any later version published by the Free Software Foundation; with no Invariant Sections, no Front-Cover Texts, and no Back-Cover Texts. 36ul; Paul Nasca 38u; Wikimedia Commons / Fred Hsu, März 2005; http://commons.wikimedia.org/wiki/File:Stereogram_Tut_Random_Dot_Shark.png Permission is granted under the terms of the GNU Free Documentation License, Version 1.2 or any later version published by the Free Software Foundation; this License, the copyright notices, and the license notice saying this License applies to the Document. 34ur